ÉLÉMENTS
DE
ZOOLOGIE

(NOTIONS GÉNÉRALES ET HISTOIRE DES MAMMIFÈRES)

PAR

PAUL GERVAIS
Professeur à la Faculté des sciences de Paris

ÉDITION MISE EN RAPPORT
avec les programmes officiels de 1866
POUR L'ENSEIGNEMENT SECONDAIRE SPÉCIAL
(PREMIÈRE ANNÉE)

PARIS
LIBRAIRIE HACHETTE ET Cie
BOULEVARD SAINT-GERMAIN, N° 79

ÉLÉMENTS
DE ZOOLOGIE

NOTIONS GÉNÉRALES

ET HISTOIRE DES MAMMIFÈRES

DIVISION DE L'OUVRAGE

En rapport avec les Programmes de l'Enseignement secondaire spécial[1].

1° Année préparatoire.

2° Première année : *Notions générales et Histoire des Mammifères.*

3° Deuxième année : *Oiseaux, Reptiles, Batraciens, Poissons et Animaux sans vertèbres* (Articulés, Mollusques, Rayonnés et Protozoaires).

4° Troisième année : *Anatomie et physiologie de l'Homme et des Animaux.*

5° Quatrième année : *Zoologie appliquée à l'Agriculture, à l'Industrie et à l'Hygiène.*

1. Chacun des cinq volumes se vend séparément.

Les volumes II et IV répondent au *Programme de l'Enseignement secondaire classique*

Typographie Lahure, rue de Fleurus, 9, à Paris.

ÉLÉMENTS

DE

ZOOLOGIE

(NOTIONS GÉNÉRALES ET HISTOIRE DES MAMMIFÈRES)

PAR

PAUL GERVAIS

Professeur à la Faculté des sciences de Paris

ÉDITION MISE EN RAPPORT

avec les Programmes officiels

POUR L'ENSEIGNEMENT SECONDAIRE SPÉCIAL

(PREMIÈRE ANNÉE)

PARIS

LIBRAIRIE HACHETTE ET Cie

BOULEVARD SAINT-GERMAIN, N° 79

EXTRAIT DES PROGRAMMES OFFICIELS

DE

L'ENSEIGNEMENT SECONDAIRE SPÉCIAL

ZOOLOGIE.

(PREMIÈRE ANNÉE.)

Notions sur les principaux organes d'un animal tel que le lapin, et sur les usages de ces parties : estomac, intestins, foie, poumons, cœur, vaisseaux, cerveau, muscles et os.

Ressemblances et différences entre les animaux, les plantes et les corps minéraux. — Caractères des trois règnes de la nature.

Notions sur les classifications en général. — Classifications naturelles et artificielles. — Unité de la classification naturelle dans l'étude des animaux et des plantes.

Notions élémentaires sur la nomenclature. — Explication du sens que l'on doit attacher aux mots *espèce*, *genre*, *famille*, *ordre* et *classe*.

Examen comparatif du mode de conformation du chien, de l'écrevisse, du colimaçon et d'une étoile de mer. Tous les animaux sont constitués d'après un plan analogue à celui qu'offre l'une ou l'autre de ces espèces, et par conséquent le règne animal se subdivise en quatre groupes principaux appelés embranchements. — Montrer que les caractères les plus importants de l'organisation du chien se retrouvent chez un oiseau, un lézard, une grenouille et une carpe ou tout autre poisson ; par conséquent tous ces animaux appartiennent à un même embranchement. — Montrer que les caractères les plus saillants de l'écrevisse se trouvent chez le hanneton ou le crabe, chez l'araignée, chez les mille-pieds et même chez les vers de terre ; donc tous ces animaux appartiennent à un même embranchement. — Si l'école d'enseignement secondaire spécial est située sur le bord de la mer, faire des démonstrations analogues pour divers mollusques et zoophytes.

Notions élémentaires sur la charpente intérieure des animaux vertébrés.

Des principales différences qui existent entre les animaux qui sont pourvus d'uns quelette intérieur et qui appartiennent par conséquent à l'embranchement des vertébrés.

Différences dans les téguments du corps chez un chat ou un mouton, un oiseau, un lézard ou une grenouille et un poisson.

Relations entre l'existence de poils ou de plumes et la nécessité de conserver la chaleur propre de l'animal. Animaux à sang chaud et à sang froid. Ces derniers n'ont pas besoin de vêtements naturels comme les premiers; donc tous les animaux vertébrés, qui ont des poils et des plumes, sont des animaux à sang chaud.

Les vertébrés pourvus de poils appartiennent tous à la classe des mammifères; ceux qui ont des plumes appartiennent à la classe des oiseaux. — Les vertébrés dont la peau est couverte d'écailles ou qui sont dépourvus de toute espèce de téguments de ce genre sont presque tous des reptiles, des amphibiens ou des poissons.

Les reptiles sont des vertébrés à peau écailleuse qui sont conformés pour vivre sur la terre seulement.

Les poissons sont des vertébrés à peau écailleuse qui sont conformés pour vivre toujours dans l'eau.

Les amphibiens ou batraciens sont des vertébrés à peau écailleuse ou nue, qui sont conformés pour vivre d'abord dans l'eau comme les poissons, puis à terre comme les reptiles.

Notions sur la structure de la peau, des poils, des ongles, etc.

Mammifères. — Les animaux vertébrés dont la peau est garnie de poils ont tous besoin d'une nourriture particulière pendant le jeune âge. — Allaitement. — Exemple : la vache. — L'existence des mamelles a beaucoup plus d'importance que celle des poils; les caractères sont d'autant plus constants qu'ils ont plus d'importance; donc l'existence des mamelles doit être plus générale que l'existence de poils chez les animaux qui appartiennent au même groupe naturel de la vache. En effet, la baleine, par exemple, a la peau nue, mais elle appartient à la même classe d'animaux que les pilifères, et, comme eux, elle a des mamelles. — De là, le nom de mammifères donné à tous les animaux appartenant au groupe naturel qui comprend la vache, le cheval, le chat, le chien, le singe, etc.

Tous les mammifères ont besoin d'une respiration très-puissante. Il faut donc qu'ils respirent l'air en nature, et ils ne peuvent se contenter de la petite quantité de ce fluide qui se trouve en dissolution dans l'eau. Les organes à l'aide desquels cette respiration aérienne s'exerce sont les poumons. Donc les mammifères sont tous pourvus de poumons, tandis que les poissons qui respirent dans l'eau n'en ont pas.

Résumé des principaux caractères de la classe des mammifères.

Notions sur la classification des mammifères; — énumération des principaux groupes.

Espèce humaine. — Caractères organiques qui distinguent l'homme de tous les autres mammifères. — L'homme constitue un ordre particulier, appelé ordre des *bimanes.* — Insister sur les avantages de la spécialité des fonctions de la main et du pied. — Comparaison entre le mode de conformation des membres chez l'homme et chez les quadrumanes ou singes.

Du développement relatif du cerveau et de la face chez ces animaux doués de plus ou moins d'intelligence. — Mesure de l'angle facial chez la grenouille, le lapin, le cheval et le singe. — Angle facial de l'homme et de quelques statues antiques, telles que le Jupiter olympien.

Notions sur les principales races humaines.

Quadrumanes. — Singes de l'ancien continent. — Notions sur le chimpanzé, l'orang-outan, le gorille et le magot.

Singes du nouveau monde. — Caractères qui les distinguent. A cette occasion, dire quelques mots de la distribution géographique des animaux en général. — Différence des faunes suivant les régions.

Carnassiers. — Notions sur les carnassiers. — Différence dans la conformation de leurs pieds en rapport avec leurs mouvements. — Plantigrades, ours, etc. — Digitigrades, chien, chat, etc. — Ces animaux ne sont pas tous également carnivores. — Différences correspondantes dans la disposition de leurs dents.

Notions sur l'histoire naturelle : 1° de la belette, de la

fouine, de la martre, etc.; 2° du loup, du chacal et du renard; 3° du lion, du tigre, etc.; 4° de l'ours commun et de l'ours maritime.

Mammifères de l'ordre des ruminants. — Disposition de l'estomac chez ces animaux. — Mécanisme de la rumination.

Histoire naturelle des bœufs et des autres espèces les plus remarquables du même genre.

Histoire naturelle du mouton et de la chèvre.

Histoire naturelle des cerfs. — Développement et chute des bois.

Détails relatifs à l'utilité du renne.

Histoire naturelle du chameau, etc.

Mammifères à sabots qui ne ruminent pas. — Famille des solipèdes. (Rappeler ce qui a été déjà dit du cheval, etc. — Le sanglier. — Le cochon, etc.)

Quelques mots sur les hippopotames, les rhinocéros et les éléphants.

Notions sur les *mammifères insectivores.* — Le hérisson, la musaraigne. — La taupe, etc. — La chauve-souris.

Caractères du groupe des *rongeurs.* — Histoire des castors. — Des marmottes. — Phénomènes de l'hibernation des écureuils. — Famille des rats hamsters. — Voyage des lemmings. — Lièvres et lapins.

Mammifères aquatiques.

1° Carnassiers aquatiques : la loutre, le phoque.

2° Ordre des cétacés : le marsouin ou le dauphin; — la baleine et le cachalot. Histoire naturelle de ces derniers animaux; autant que cela sera nécessaire pour compléter ce qui en aura été dit dans l'année préparatoire.

Quelques mots : 1° sur les édentés; tatous, fourmiliers, etc.; 2° Sur les sarigues, les kangurous et les autres marsupiaux 3° Sur l'ornithorhynque.

Résumé de la classification des mammifères.

Indication des caractères extérieurs à l'aide desquels on peut reconnaître les ordres et les principaux genres.

ZOOLOGIE.

NOTIONS GÉNÉRALES

ET

HISTOIRE DES MAMMIFÈRES.

CHAPITRE I.

CARACTÈRES DES CORPS ORGANISÉS ET DES CORPS BRUTS. — PRINCIPAUX ORGANES DES ANIMAUX.

Caractères qui distinguent les corps organisés des corps bruts. — Les animaux sont, comme les végétaux, des corps organisés et ils sont doués de la vie; aussi est-il également facile de les distinguer des minéraux. Nés de parents semblables à eux et aptes, dans chaque espèce, à subir les mêmes évolutions de forme durant la série de leurs âges, ce qui est aussi le cas des végétaux, les animaux sont comme ces derniers formés de matériaux chimiques semblables à ceux qui entrent dans la composition des minéraux; mais, sous l'influence de la vie, ces matériaux prennent chez eux des caractères particuliers en se combinant de manière à constituer des principes immédiats. Ces principes sont les uns ternaires, les autres quaternaires, suivant que le carbone, l'hydrogène et l'oxygène en sont les seuls éléments constitutifs ou que l'azote, venant s'y associer, en porte le nombre à quatre.

La forme des animaux et des végétaux est d'ailleurs différente de celle des corps bruts. Au lieu d'être limités par des contours irréguliers ou terminés par des surfaces planes, et alors cristallisés et géométriquement déterminables (fig. 1), les corps organisés ont toujours des surfaces arrondies et curvilignes. En outre, ils possèdent, les uns et les autres, des organes tantôt plus simples, tantôt plus parfaits, destinés à exécuter les fonctions par lesquelles leur existence comme êtres vivants se trouve assurée pendant un certain temps.

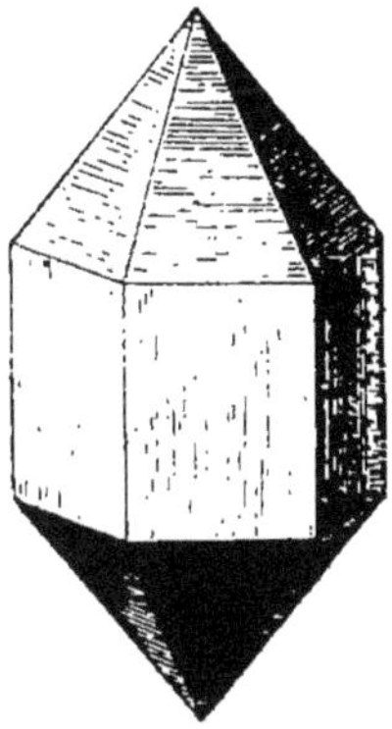

FIG. 1. — Cristal de roche.
Forme dodécaédrique de la silice ou cristal de roche.

Les particules qui les constituent, au lieu de rester elles-mêmes à l'état moléculaire, ont une structure propre. Ce sont presque toujours des cellules ou utricules, jouissant de propriétés vitales comme la totalité des corps qu'elles constituent; elles concourent, à des degrés différents, à l'activité propre des individus dans la composition desquels elles entrent.

Enfin les animaux et les végétaux n'ont qu'une durée limitée. L'activité même dont ils sont doués est pour eux un agent infaillible de destruction et après s'être accrus depuis leur première apparition jusqu'à l'époque où ils ont acquis tout leur développement, et cela au moyen des matériaux qu'ils empruntent au monde extérieur; après avoir grandi par tous les points de leur masse, tout en réparant incessamment les pertes que l'exercice des fonctions vitales occasionne en eux; après avoir assuré la propagation de leur espèce par la production de nouveaux sujets destinés à remplir le même rôle, ils vieillissent et ne tardent pas à mourir étant dès lors incapables de remplir plus longtemps les diverses fonctions dont leur organisme était le siége et de prolonger davantage leur existence. Leur activité s'étant éteinte, les matériaux qui les composaient se putréfient ou se dissolvent et, à moins que leur fossilisation ne vienne solidifier à jamais la totalité de leur corps ou quelques-unes de ses parties, ils disparaissent, rendant au monde ambiant les substances salines ainsi que les principes immédiats qu'ils lui avaient momentanément empruntés.

Il y a donc deux grandes catégories de corps naturels, ceux qui ont des organes et jouissent de la vie et ceux qui n'ayant pas d'organes sont en même temps privés de toute manifestation vitale. Les premiers sont les animaux et les végétaux que l'on réunit sous le nom commun d'êtres organisés; les seconds sont les minéraux ou corps bruts. On a fait de ces deux grandes catégories de corps naturels deux séries distinctes appelées empire organique et empire inorganique. La première comprend le règne animal et le règne végétal; la seconde est formée par le règne minéral seulement.

Linné a donné des trois règnes de la nature une définition précise lorsqu'il a dit que les minéraux s'accroissent; que les végétaux s'accroissent et vivent, et que les animaux s'accroissent, vivent et sentent. Il faut toutefois ajouter cette explication, que le mode d'accroissement des minéraux ou corps bruts diffère de celui des végétaux et des animaux en ce qu'il se fait par simple juxta-position, tandis que chez les animaux et les végétaux l'accroissement résulte des phénomènes d'intussusception auxquels participent la totalité de leur corps et par conséquent tous leurs organes tant superficiels que profonds dont ils sont formés.

Pour le moment il nous suffira d'énumérer les principaux organes de l'un de nos animaux domestiques les plus communs, et qu'il est, par conséquent, le plus facile de se procurer. Nous prendrons donc le lapin, et nous indiquerons sommairement ses organes les plus essentiels, ainsi que les fonctions remplies par ces organes.

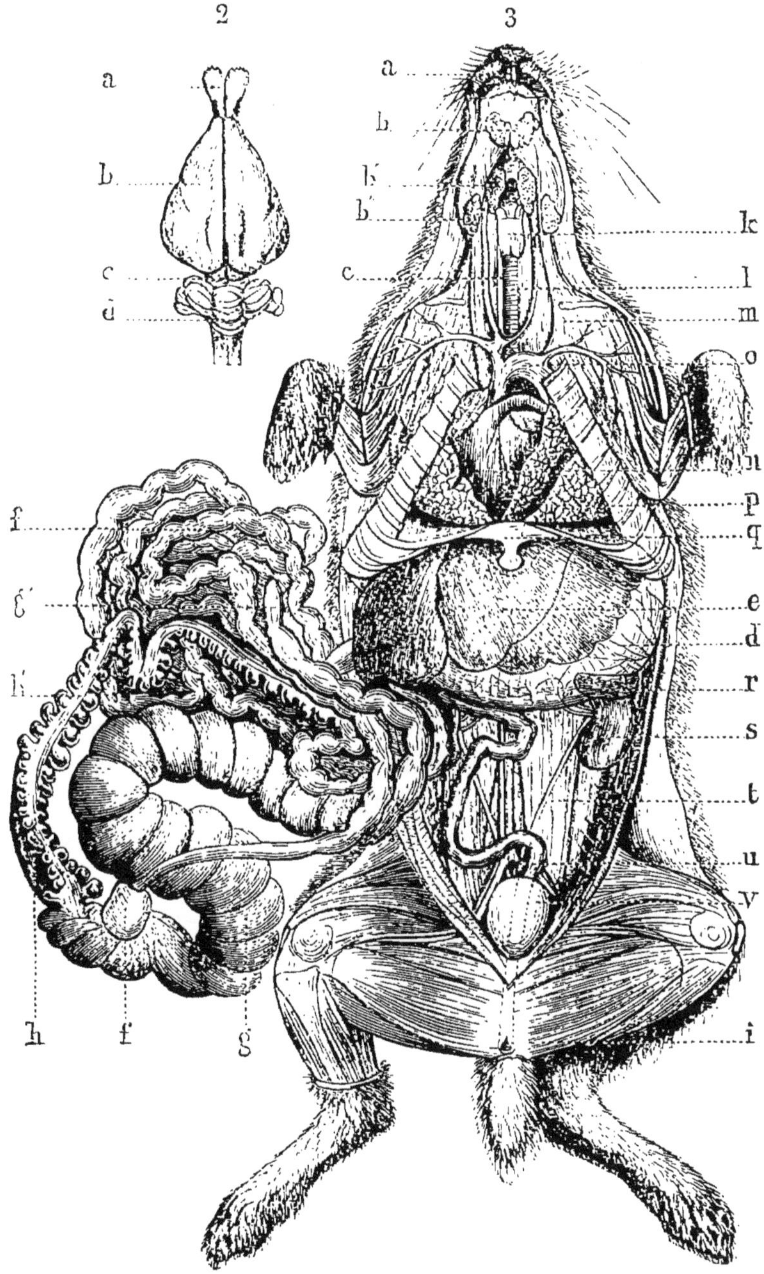

FIG. 2 et 3. — Anatomie du *Lapin* *.

* FIG. 2. = cerveau montrant :
a) les lobes olfactifs; — *b*) les hémisphères cérébraux ; — *c*) les tubercules

Extérieurement l'animal que nous prenons pour exemple, est enveloppé d'une membrane, la peau, dont la structure doit attirer d'abord notre attention. Malgré son apparente simplicité, elle est formée de plusieurs couches ou tuniques dont la plus superficielle est l'épiderme. Au-dessous de cet épiderme, on remarque le derme qui est une partie plus résistante. C'est le derme que l'on prépare au moyen du tannage lorsque l'on veut conserver la peau soit avec ses poils, soit dépourvue de ces derniers, et l'employer ultérieurement à quelque usage économique ou industriel. Par endroits la couche dermique est doublée intérieurement de fibres contractiles de nature musculaire destinées à permettre des mouvements localisés de cette membrane ; cette couche est le peaucier, et il y a de plus une certaine quantité de graisse, dite pannicule graisseux. En outre, la peau est pénétrée par des vaisseaux sanguins destinés à la nourrir et par des nerfs qui lui donnent la sensibilité ou président à ses autres actes vitaux, soit à ses mouvements soit à sa nutrition. Quant aux poils, ce sont des organes particuliers répandus en grande abondance sur toute la surface extérieure du corps, et qui se développent dans le derme auquel ils restent attachés au moyen de bulbes comparables à ceux de nos propres cheveux.

Il y a aussi à la peau du lapin, comme à celle des animaux analogues, de petites glandes ; c'est-à-dire, des organes de sécrétion, dont le rôle est de concourir à la production de la sueur et à diverses autres sécrétions. Cette particularité se retrouve également chez l'homme.

A l'extrémité des doigts sont des parties dures, compa-

jumeaux; — *d*) le cervelet après lequel vient la moelle épinière, dont une courte portion a seule été représentée.

FIG. 3. = Principaux organes nutritifs :

a) bouche ; — *b*, *b'* et *b''*) glandes salivaires, savoir : *b*) glandes sublinguales ; — *b'*) glandes sous-maxillaires ; — *b''*) glandes parotides ; — *c*) œsophage ; — *d*) estomac ; — *e*) foie ; — *ff*) intestin grêle ; — *g*) cœcum ; — *g'*) extrémite du cœcum ; — *hh'*) gros intestin ; — *i*) anus ; — *k*) larynx ; — *l*) trachée-artère ; — *m*) carotide primitive gauche ; — *n*) cœur ; — *o*) crosse de l'aorte ; — *p*) poumons ; — *q*) appendice xiphoïde du sternum et diaphragme ; — *r*) rate ; — *s*) l'un des deux reins ; — *t*) uretère ; — *v*) vessie ; — *u*) urèthre.

rables par leur structure et leur mode de développement aux poils ordinaires, mais bien plus résistantes et d'un volume plus considérable. Elles sont comme autant de petits aiguillons destinés à la défense de l'animal. Ces parties dures constituent les ongles. Le rôle des poils est au contraire de protéger le corps contre le refroidissement et de conserver la chaleur produite par les phénomènes de combustion dont l'organisme est le siége; aussi voyons-nous qu'ils sont plus abondants chez certaines races, plus courts au contraire chez d'autres et que parmi les différentes espèces de la classe des mammifères, à laquelle le lapin appartient, l'abondance des poils, leur souplesse et leur disposition présentent de grandes variations suivant les conditions climatériques au milieu desquelles les différentes espèces de cette classe sont appelées à vivre.

Si nous continuons cette étude des parties placées à l'extérieur du corps, nous remarquerons aussi les oreilles, sortes de cornets acoustiques qui recueillent les sons pour les conduire aux divisions plus profondes de l'organe auditif (oreille moyenne et oreille interne), dans lesquelles ils sont rassemblés et perçus; nous aurons également à citer les yeux, protégés par les paupières qui, en s'ouvrant, y laissent pénétrer la lumière. Celle-ci, après avoir traversé la cornée transparente, va former une image sur l'épanouissement du nerf optique, connu sous le nom de rétine.

Complétons ce premier examen de la superficie du corps en signalant les mamelles, organes sécréteurs du lait qui sont des glandes placées à la région ventrale, et enfin plusieurs orifices, dont deux pour les narines, siége de l'odorat, un pour la bouche et deux autres encore, ceux-ci placés en arrière du corps. L'un sert d'issue aux voies génito-urinaires, l'autre répond à l'anus.

Nous allons maintenant passer en revue les organes de la nutrition.

De la bouche à l'anus s'étend intérieurement une sorte de tube membraneux présentant des dilatations et des étranglements successifs; on lui donne le nom de cana digestif. Il est le siége des fonctions de la digestion. Les aliments y entrent par la bouche, dans laquelle ils sont broyés au moyen des dents, organes aussi durs que les os, mais d'une structure différente. Les dents sont implantées sur les deux mâchoires et les mouvements de la mâchoire inférieure sont la cause principale de l'écrasement que les aliments subissent par la mastication. Des glandes, dites salivaires, imbibent ces aliments pour les ramollir et les rendre plus facilement digestifs; en même temps la langue sert à les remuer et elle concourt avec les muscles de l'arrière-bouche à en faciliter la déglutition.

C'est alors que les aliments ou le bol alimentaire passent dans l'œsophage, tube étroit destiné à les conduire dans l'estomac. Celui-ci est une sorte de sac, dans lequel ils s'accumulent pour subir une première élaboration, par suite de laquelle une partie d'entre eux pourra être absorbée à travers les parois mêmes de cet organe.

Dans l'estomac les aliments se transforment en chyme, et après avoir perdu, par l'absorption dont nous venons de parler, la plupart de leurs principes quaternaires, ils arrivent dans l'intestin proprement dit où s'accomplit la chylification, digestion des principes ternaires, préparant le passage de ces principes rendus fluides et transformés en chyle dans les vaisseaux chylifères qui les versent à leur tour dans le torrent circulatoire par l'intermédiaire du canal thoracique.

L'intestin d'abord étroit se compose dans sa première partie du duodénum, du jéjunum et de l'iléon; la réunion de ces trois tronçons forme l'intestin grêle. Il acquiert ensuite un diamètre plus considérable et prend alors le nom de gros intestin. Cette seconde partie commence par un grand cul-de-sac, nommé cœcum, que l'on a souvent comparé à un second estomac; elle se continue par le côlon et le rectum.

Le côlon est en rapport direct avec l'iléon; le rectum

aboutit par son extrémité à l'anus, par lequel est rejetée au dehors la portion des aliments qui n'a pas été absorbée ou sur laquelle la digestion n'a pas agi.

Indépendamment des glandes salivaires qui sont de trois sortes (sublinguale, sous maxillaire et parotide), le canal digestif présente sur sa longueur de nombreuses glandes. La plupart sont très-petites, mais en même temps elles sont répandues sur tout le trajet de cet appareil ; elles sont d'ailleurs de plusieurs sortes. Deux des glandes intestinales sont au contraire beaucoup plus volumineuses que celles-là. Ce sont les pancréas et le foie qui versent l'un et l'autre leur produit dans le commencement de l'intestin grêle, c'est-à-dire dans le duodénum. Le foie est la plus grosse de toutes les glandes de l'économie ; c'est lui qui sécrète la bile.

Les principes recueillis par la digestion qui proviennent des aliments sont destinés à réparer les pertes du sang, liquide d'une composition très-complexe, destiné à fournir à tous les organes les matériaux dont ils ont besoin et qui mérite un examen particulier. Il est contenu dans un système de canaux connus sous la dénomination de vaisseaux sanguins, et parmi lesquels on distingue les capillaires, les veines et les artères.

C'est aux veines que se rendent les vaisseaux chylifères qui rapportent le chyle puisé dans l'intestin et les vaisseaux lymphatiques, ramenant de tous les points du corps les humeurs que la nutrition y a abandonnées ou qui ont cessé d'être utiles au fonctionnement des différents organes.

Le canal thoracique, dont nous avons déjà parlé, réunit en un tronc commun la plus grande partie des vaisseaux chylifères et des vaisseaux lymphatiques.

Le cœur, placé au centre du système circulatoire, sert de moyen d'impulsion au sang qu'il chasse dans les artères et qu'il reçoit des veines.

Nous verrons, en traitant de la physiologie, que l'on doit considérer cet organe comme étant double, et il y a en effet une de ses moitiés qui est affectée à la circulation du sang rouge, c'est-à-dire du sang pourvu d'oxygène et apte à la nutrition des organes, tandis que l'autre sert à la circulation du sang noir ou rendu impropre à la fonction nutritive par l'acide carbonique dont ce fluide s'est chargé en se rendant à ces mêmes organes. La première moitié du cœur ou plutôt le premier des deux cœurs est formé de l'oreillette et du ventricule gauche ; la seconde moitié, que nous appellerons le second cœur ou le cœur droit, se compose de l'oreillette droite et du ventricule droit. Le cœur des poissons ne répond qu'à ce second cœur du lapin et des autres vertébrés supérieurs ; le cœur des crustacés et celui de la plupart des mollusques, répond, au contraire, au précédent, c'est-à-dire au cœur gauche. Chez les mollusques céphalopodes, les deux cœurs existent simultanément, mais ils restent disjoints et séparés l'un de l'autre.

L'échange de l'acide carbonique dont le sang noir s'est chargé par la nutrition, contre de l'oxygène qui doit être emprunté à l'atmosphère, se fait dans les poumons, organes riches en vaisseaux artériels provenant du cœur droit et en vaisseaux veineux qui envoient leur contenu au cœur gauche à travers les veines pulmonaires. Dans les poumons ces deux ordres de vaisseanx sont en outre entrelacés avec des canaux aériens, qui amènent l'air destiné à la respiration et opèrent l'hématose, c'est-à-dire la rubéfaction du sang. En effet c'est en changeant son acide carbonique contre une partie de l'oxygène de l'air que le sang passe de la couleur foncée qui le fait alors appeler sang noir à la teinte rouge vermeille qui caractérise le sang aortique, c'est-à-dire le sang que l'artère aorte issue du ventricule gauche et ses divisions portent aux diverses parties du corps.

Les poumons sont enveloppés d'une membrane séreuse à laquelle on donne le nom de plèvre. Il y a aussi une membrane de même nature autour du cœur ; c'est le péricarde. Elle est commune aux deux moitiés de cet organe, qui sont d'ailleurs si intimement soudées entre elles qu'on a pensé pendant longtemps qu'il n'y avait réellement qu'un seul cœur.

La trachée-artère est un tube par lequel passe l'air pour aller de la bouche ou des narines dans les poumons et en sortir à chacune des inspirations et expirations qui constituent le rhythme respiratoire. Elle commence au larynx et aboutit aux deux bronches, dans lesquelles elle se divise.

Ces deux bronches vont séparément aux poumons et chacune d'elles se ramifie dans l'un de ces organes de manière à permettre, à travers les rameaux extrêmes de ses divisions, un échange gazeux destiné à substituer de l'oxygène, emprunté à l'air, à l'acide carbonique en dissolution dans le sang noir. Cet échange s'effectue grâce à la minceur des parois des vaisseaux aériens et des vaisseaux capillaires, les uns et les autres en quantité innombrable. Le sang noir fourni aux capillaires du poumon par les dernières divisions de l'artère pulmonaire passe aux veines de même nom pour faire retour au cœur gauche à l'état de sang rouge. C'est par le poumon qu'est en grande partie expulsé et cela sous forme d'eau et d'acide carbonique l'excès des principes ternaires, et il en est de même pour une portion de ces principes mise hors d'usage par les différents actes vitaux.

Un autre organe remplit un rôle analogue à l'égard des principes quaternaires ; c'est le rein qui se trouve dans la région lombaire en dehors du péritoine ou membrane séreuse enveloppant les intestins. Il est double comme le poumon et en rapport comme lui avec des veines et des artères. Les uretères, la vessie et l'urèthre sont les voies par lesquelles l'urine est portée au dehors.

Entre la grande cavité qui loge les poumons et le cœur et la cavité plus grande encore dans laquelle sont placés l'estomac, le foie, la rate, le pancréas, l'intestin grêle, le gros intestin, les reins et la vessie ou réservoir urinaire, existe une cloison de séparation traversée d'ailleurs par l'œsophage, l'aorte et la veine-cave ; c'est le diaphragme qui constitue un voile musculo-membraneux très-résistant quoique facilement contractile sous l'influence des nerfs qui s'y rendent. Ce voile est tendu obliquement d'avant en arrière. Il joue un rôle considérable dans l'inspiration et dans l'expiration de l'air destiné aux poumons et détermine un jeu de soufflet auquel concourent aussi les côtes mises en mouvement par les mucles intercostaux, scalènes et autres qui s'attachent à la cage thoracique.

Cette cage thoracique est une partie du squelette (fig. 4),

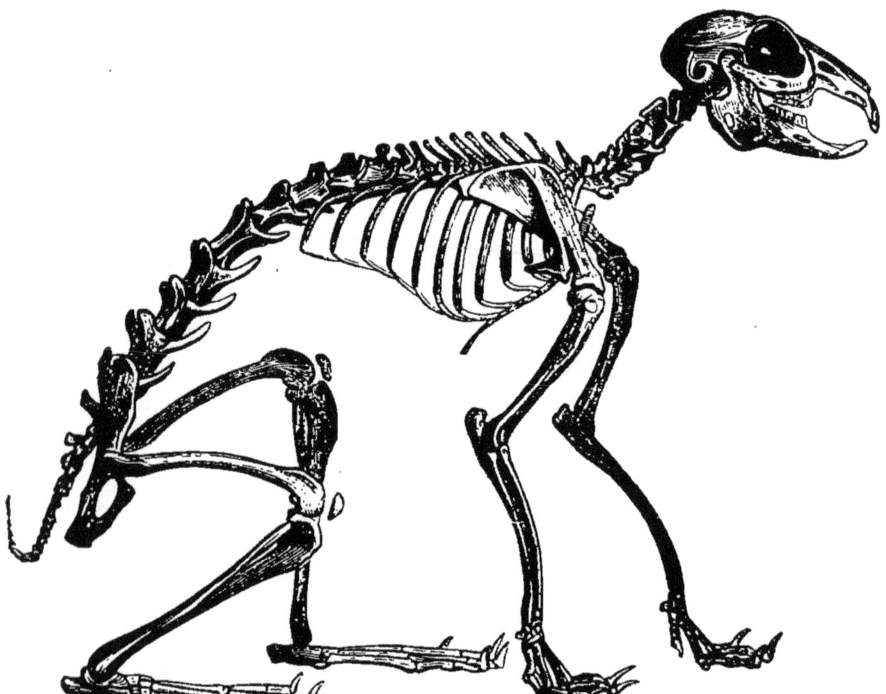

FIG. 4. — Squelette du *Lapin*.

c'est-à-dire de la charpente osseuse qui soutient le corps des animaux vertébrés; elle facilite leurs mouvements grâce aux muscles qui agissent sur elle. Les différentes pièces de cette charpente ou les os, constituent des leviers destinés à multiplier les forces des animaux qui en sont pourvus; elle sert aussi à protéger les organes mous renfermés dans les cavités que les différentes pièces du squelette constituent soit en s'articulant les uns avec les autres, soit en se soudant entre elles.

On distingue les os suivant qu'ils appartiennent au corps c'est-à-dire à la tête, au tronc et à la queue ou aux membres dont il y a deux paires, l'une antérieure, l'autre postérieure, et on leur donne des noms différents.

Les os des membres sont l'humérus, le radius et le cubitus, les os du carpe, ceux du métacarpe et les phalanges des doigts, pour les membres antérieurs. Ce sont le fémur, le tibia et le péroné, les os du tarse, ceux du métatarse et les phalanges des orteils pour les membres postérieurs.

Les os du corps proprement dit, qu'ils appartiennent à la tête, au cou, au tronc ou à la queue, peuvent être ramenés malgré leur diversité apparente à des segments ou articles composés chacun de plusieurs pièces et auxquels on distingue une partie servant d'axe à la totalité du segment correspondant, ainsi que des pièces latérales constituant des arcs ou anneaux.

Les pièces formant axe sont les corps vertébraux. Chacun de ces corps porte un arc supérieur et un arc inférieur ; leur série totale constitue l'axe du squelette.

Au tronc l'arc supérieur pour chaque segment osseux est formé par l'apophyse épineuse, et l'arc inférieur par une paire de côtes aboutissant à l'un des articles du sternum.

La série des arcs supérieurs aux corps vertébraux sert de moyen de protection au système nerveux rachidien, c'est-à-dire à la moelle épinière ; de même aussi la série des arcs inférieurs à ces corps vertébraux, c'est-à-dire les côtes, logent et protégent les viscères de la nutrition ; à savoir le cœur, les poumons et une partie du canal digestif.

A l'abdomen, quoiqu'il n'y ait pas de côtes, les organes de la nutrition sont également placés au-dessous de l'axe vertébral et il en est de même à la tête.

Mais les segments vertébraux du crâne sont loin d'être aussi faciles à reconnaître que ceux de la cage thoracique et il y a des anatomistes qui doutent encore que cette interprétation leur soit applicable. Cependant on reconnaît dans les os propres du nez l'arc osseux supérieur à l'ethmoïde ; dans les frontaux et les pariétaux, ceux du double corps du sphénoïde, et la base de l'occipital (os basilaire) possède le sien dans la partie de cet os qui forme les parois latérales de l'occiput. On voit, en effet, les os du nez, le frontal, les pariétaux et l'occipital supérieur recouvrir le cerveau comme les apophyses épineuses des vertèbres cervicales, dorsales, lombaires ou sacrées recouvrent la moelle épinière. Au-dessous des quatre sortes de pièces que nous avons prises pour autant d'arcs supra-vertébraux sont ouvertes les narines, commencement des voies respiratoires, et la bouche, entrée du tube digestif. Ces orifices sont donc compris dans des arceaux infra-vertébraux comparables à des côtes qui seraient formées par les os incisifs, les maxillaires supérieurs, les mâchoires inférieures et l'os hyoïde.

Nous reviendrons dans un autre volume sur cette curieuse démonstration, que nous nous bornons à indiquer ici dans le seul but de prouver que l'on peut établir une conception générale du squelette donnant une idée exacte de la nature des pièces dont il est constitué.

A la queue les arcs supra-vertébraux et infra-vertébraux sont souvent rudimentaires, ou bien ils ne se sont même pas développés et les segments vertébraux, c'est-à-dire les articles successifs du squelette, sont alors presque entièrement réduits aux corps des vétèbres qui terminent en arrière la charpente osseuse. Dans d'autres animaux, il y a au contraire des arcs supra-vertébraux et infra-vertébraux de la queue. C'est ce qui se voit chez les cétacés et chez d'autres vertébrés ayant cette partie du corps très-développée.

Nous avons dit que les os étaient des leviers destinés à augmenter la force des animaux. Les puissances qui les mettent en mouvement sont les muscles dont la dissection offre un intérêt particulier et qui reçoivent comme la peau, et comme les organes de la nutrition, des filets nerveux chargés de diriger leurs fonctions.

Les nerfs qui se rendent aux viscères digestifs et aux autres organes de nutrition proviennent en grande partie d'une série de petits renflements nerveux reliés entre eux par des filets de communication et placés au-dessous des corps vertébraux, dans la série des arcs inférieurs du squelette. Cette partie du système nerveux constitue le grand sympathique ; elle agit en dehors de la volonté et préside surtout aux actes de nutrition.

Au contraire les nerfs qui se rendent aux muscles destinés à mouvoir le squelette restent sous l'influence de la volonté de l'animal et ils appartiennent, de même que ceux qui président aux fonctions de la sensibilité, au système nerveux de la vie de relation.

Comme ces derniers, ils sont en rapport avec les centres encéphalo-rachidiens, c'est-à-dire avec la moelle épinière et avec le cerveau (fig. 2), masses nerveuses considérables logées dans la grande cavité ménagée au-dessus des corps vertébraux par les apophyses épineuses ou les os de la voute crânienne que nous avons vu n'être qu'une exagération de ces dernières.

On reconnaît aux nerfs, particulièrement à ceux de la région rachidienne, de doubles racines, dont les supérieures répondent aux filets sensibles et les inférieures aux filets moteurs de ces nerfs.

La moelle épinière est composée de substance blanche et de substance grise, la première extérieure, la seconde intérieure, ce qu'il est facile de voir en faisant une coupe de cette portion du système nerveux central.

Quant au cerveau, dont il nous reste à parler pour compléter cet aperçu général des principaux organes de l'animal que nous avons pris pour exemple, c'est une sorte d'épanouissement de la moelle épinière dans la cavité du crâne, et les fibres médullaires blanches y sont placées à l'intérieur au lieu d'être extérieures. Elles se rendent à des

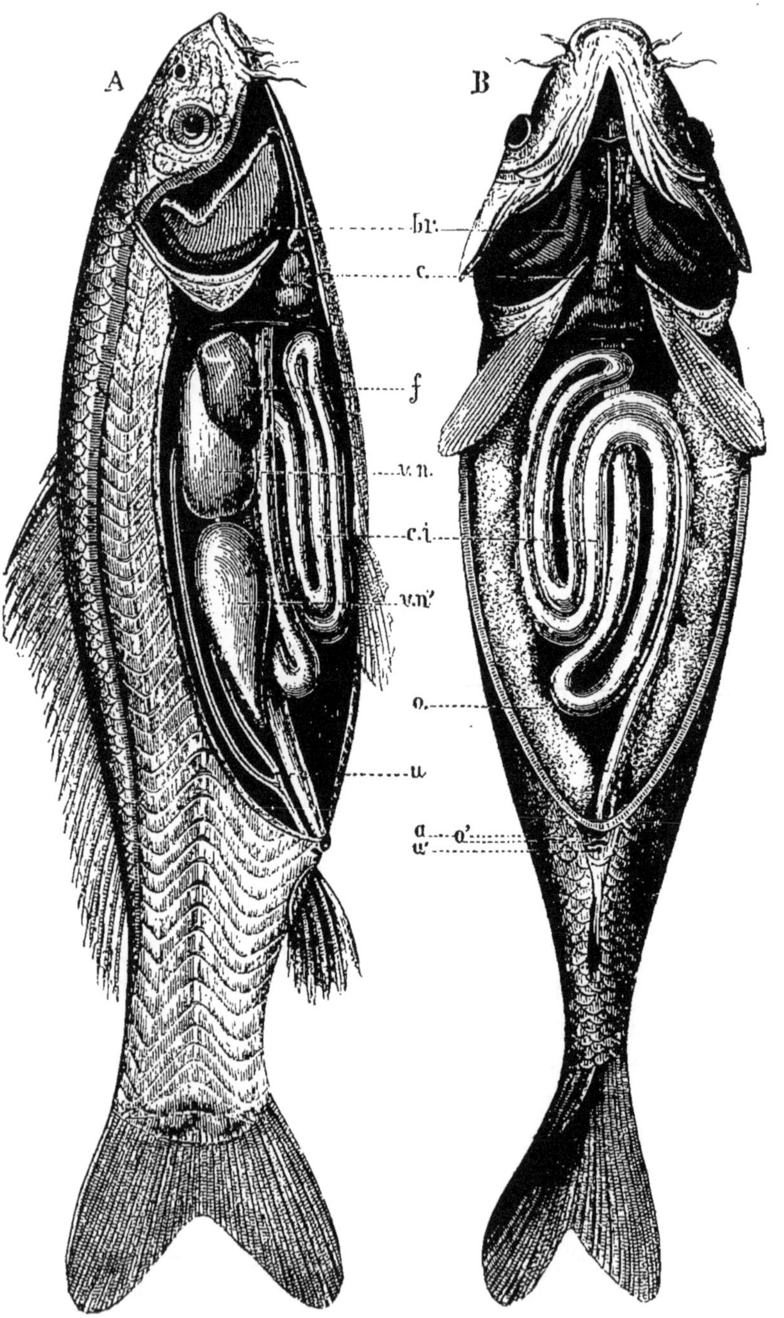

FIG. 5. — Anatomie de la *Carpe.* *

* A — l'animal vu de côté.
On a enlevé la plus grande partie de la peau pour montrer les viscères de

couches de substance grise, ici phériphériques, jouant le rôle d'agents spéciaux des perceptions et de la volonté.

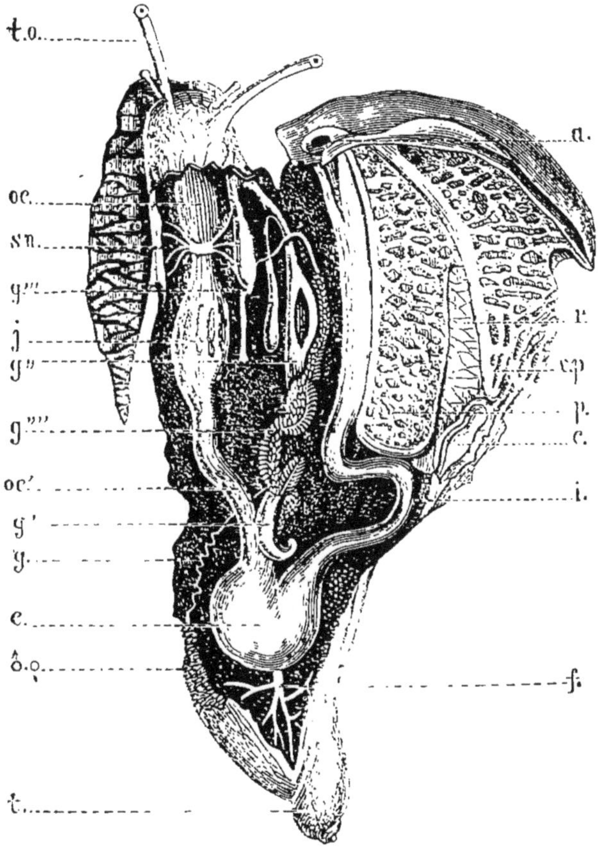

FIG. 6. — Anatomie d'une espèce étrangère de colimaçon du genre *Agathine*.

nutrition et mettre à nu la presque totalité des muscles de la région thoraco-abdominale, ainsi que ceux de la queue.

B — le même animal vu en dessous et ouvert.

br) branchies; — *c*) cœur; — *f*) foie; — *vn* et *vn'*) vessie natatoire; — *ci*) canal intestinal; — *o*) ovaire; — *u*) point de réunion des uretères droit et gauche dont on voit la portion venant des deux reins : la substance de ces derniers a éte enlevée; — *a*) orifice anal et le rectum qui y aboutit; — *o'*) orifice génital en communication avec les ovaires; — *u*) orifice urinaire ou terminaison de l'urèthre.

* *to*) tentacules oculaires; — *œ œ*) œsophage; — *sn*) système nerveux sus-œsophagien; — *j*) jabot; — *e*) estomac; — *t*) tortillon formé par le foie; — *f*) emplacement occupé par le foie dont on n'a laissé que les canaux biliaires et la partie terminale; — *i*) intestin; — *a*) anus, — *r*) reins; — *p*) poumon; — *vp*) vaisseaux pulmonaires — *c*) les deux cavités du cœur.

On distingue quatre parties principales dans le cerveau, savoir : le cervelet, placé sous l'os occipital, et qui sert sans doute à la coordination des mouvements ; les lobes jumeaux, au nombre de quatre chez les lapins comme chez tous les autres mammifères et qui sont le centre de convergence des perceptions visuelles ; les hémisphères cérébraux, siége des facultés réflectives ou de l'intelligence, et les lobes olfactifs, essentiellement consacrés à la perception des odeurs. Les lobes cérébraux, sont les plus volumineux des quatre segments cérébraux, du moins chez les mammifères ; après eux vient, comme dimension, le cervelet ; les tubercules jumeaux ainsi que les lobes olfactifs ont l'un et l'autre une moindre importance. Les vertébrés ovipares n'ont que deux lobes jumeaux au lieu de quatre, comme cela a lieu chez les mammifères.

La figure 5 représente les principales dispositions anatomiques d'un poisson ; elle nous servira de point de comparaison pour les détails relatifs aux différents organes qui viennent d'être exposés tels qu'on les observe chez le lapin, qui est un mammifère.

Nous avons joint à ces figures celle d'un colimaçon également disséqué dans ses principales parties (fig. 6). On y trouvera l'exemple d'un organisme déjà très-inférieur à celui des vertébrés.

CHAPITRE II.

PRINCIPES GÉNÉRAUX DE CLASSIFICATION. NOMENCLATURE.

Nécessité d'une classification. — Le nombre des espèces de corps organisés, animaux ou végétaux, que l'on connaît, est depuis longtemps déjà fort considérable et chaque jour il s'accroît encore par suite des découvertes des naturalistes. En ce qui concerne les animaux seulement, on n'a pas dénommé dans l'état présent de la science moins de six cent mille espèces dont plus de quatre cent mille actuellement existantes et près de deux cent mille propres aux anciens âges du globe. Comme il est aisé de le reconnaître, il serait absolument impossible de se retrouver dans l'inventaire qu'on en a dressé si les listes que l'on en fait n'étaient disposées suivant un ordre régulier. Il faut que la manière dont on les classe permette de remonter à leurs caractères distinctifs et à leur histoire particulière, lorsqu'on ne connaît encore que leur nom, ou que, inversement, leurs caractères étant seuls connus, on ait le moyen de savoir leur nom ; la mémoire y trouve un soulagement, l'esprit une satisfaction, et la science un gage assuré de perfectionnement.

L'ordre alphabétique permettrait bien, le nom d'un animal ou d'une plante étant donné, de remonter aux caractères de l'espèce à laquelle l'un ou l'autre appartient, puisque, dans nos ouvrages, ce nom peut être suivi d'une définition suffisamment précise. C'est ce procédé que nous employons dans nos dictionnaires d'histoire naturelle comme dans nos dictionnaires ordinaires ; mais il est insuffisant.

Non-seulement il ne peut nous fournir, par la place assignée à chaque être, une idée complète des particularités qui le distinguent, mais il nous laisse également ignorer ses affinités, c'est-à-dire les rapports qui le rattachent aux êtres de même classe que lui ; il a aussi l'inconvénient de changer de peuple à peuple, puisque la langue diffère avec les pays : de telle sorte que la classification changerait elle-même avec les

FIG. 7. — Jeune *Orang-Outan*.

langues dans lesquelles on apprendrait le nom des êtres à classer.

Classification naturelle des animaux. — En zoologie, non-seulement les termes extrêmes de l'échelle animale sont évidents, mais dans la plupart des cas il n'est pas moins aisé d'assigner à chacune des grandes classes de ce règne un rang précis dans la série des êtres et il est plus facile d'arriver à une classification naturelle des espèces que cela n'a lieu en botanique.

Les singes (fig. 7), dont l'organisation ressemble tant à celle de l'homme, et les autres mammifères occupent évidemment le sommet de l'échelle; les oiseaux viennent ensuite, puis les reptiles, les batraciens et les poissons, et l'on trouve assez aisément quelles sont les espèces les plus parfaites de chacune de ces classes, ou celles qui doivent au contraire être placées après les autres, à cause de la supériorité ou de l'infériorité relatives de leur structure.

Cette première série d'animaux établie, on peut jusqu'à un certain point hésiter avant de décider si le second rang doit être accordé à la classe des insectes, à celle des annélides ou à celle des mollusques céphalopodes, surtout si l'on ne tient compte ni de la supériorité des instincts ou de celle de la forme extérieure, ni de la facilité plus ou moins grande avec laquelle ces animaux se meuvent; aussi Cuvier plaçait-il les céphalopodes (fig. 8) immédiatement après les poissons, tandis que de Blainville y a mis les insectes (fig. 9) que Cuvier jugeait inférieurs même aux annelides; mais il n'y a pas de doute pour les échelons inférieurs du même règne.

Les échinodermes, tels que les oursins et les étoiles de mer (fig. 10), les polypes, dont font partie les actinies dites anémones de mer (fig. 11) et les hydres et avec eux tous les animaux désignés par les noms de radiaires, rayonnés ou zoophytes, sont inférieurs à tous les précédents par leur structure anatomique aussi bien que par l'ensemble de leurs fonctions.

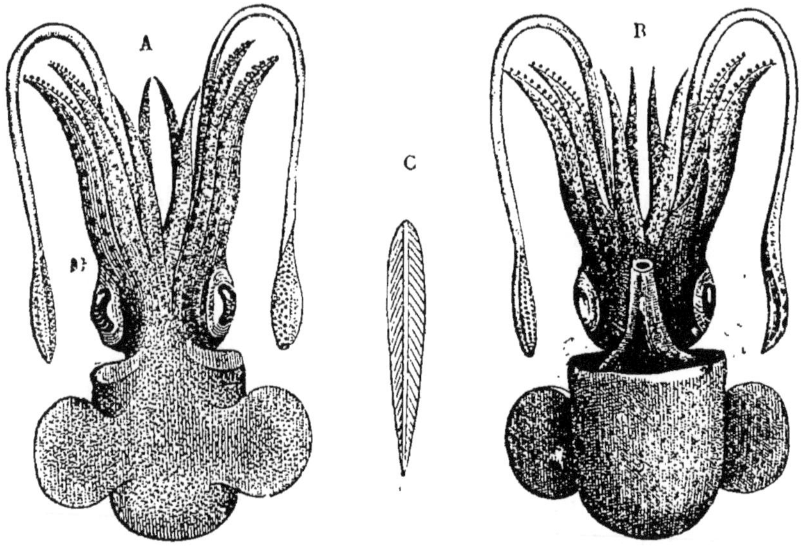

FIG. 8. — *Sépiole* (mollusque cephalopode). *

Quelques zoophytes faisant partie du groupe des polypes semblent déjà se rattacher au règne végétal par un certain nombre de leurs espèces; il en est même dont on a fait pendant longtemps des végétaux. Ces zoophytes conduisent en effet d'une façon insensible aux végétaux inférieurs par les infusoires ainsi que par d'autres espèces animales si simples qu'on a souvent de la peine à les distinguer des végétaux les plus imparfaits, tels que les algues.

De Blainville, qui a beaucoup contribué à établir la classification du règne animal sur des bases véritablement naturelles, a souvent parlé de la nécessité de subordonner les caractères, comme l'avait déjà fait de Jussieu, et aussi de celle de subordonner les espèces et leurs différents

* *a*) vu en dessus; — *b*) vu en dessous; — *c*) son osselet dorsal.

groupes les uns par rapport aux autres. Il voulait que chaque espèce occupât dans nos classifications une place in-

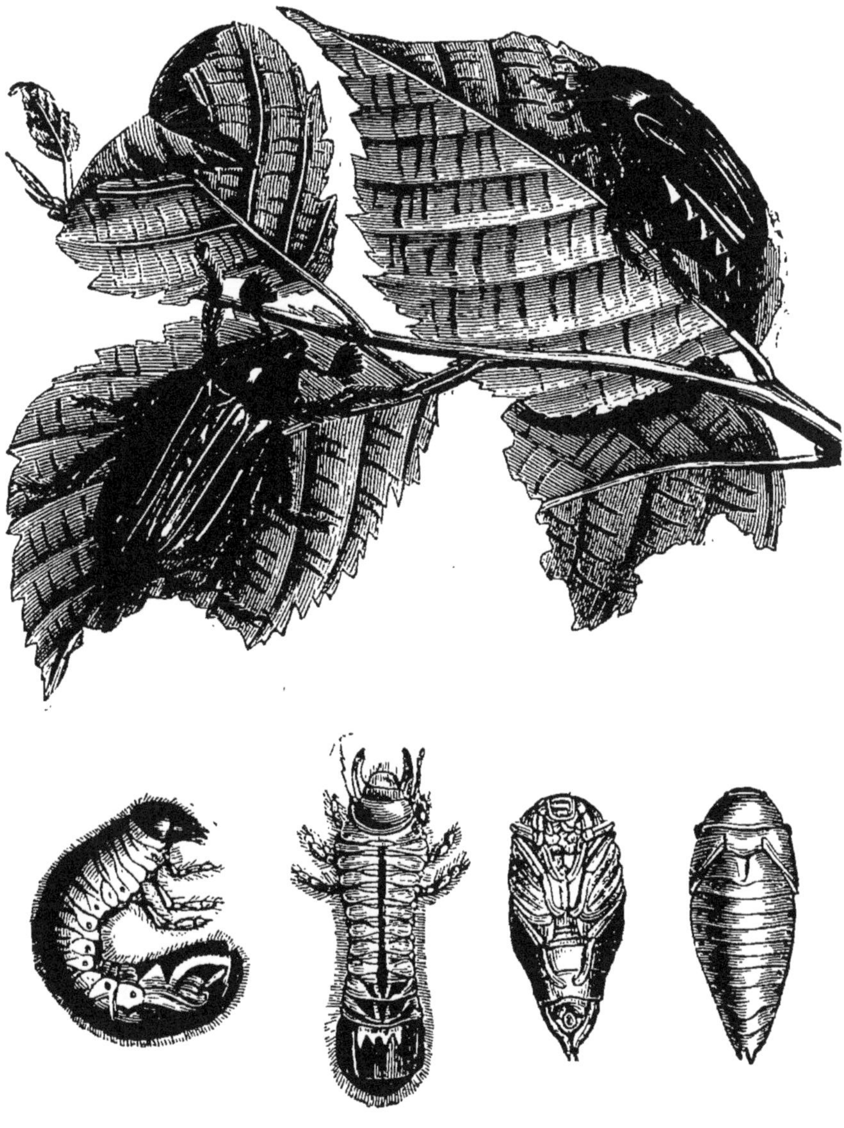

FIG. 9. — *Hanneton* et ses métamorphoses.

diquant ses affinités véritables, ainsi que le degré réel de sa complication organique comparé à celui de toutes les autres espèces.

Cette idée a été féconde en remarques intéressantes. L'examen comparatif des organes des animaux, l'observation attentive des espèces antédiluviennes, ainsi que l'étude du développement de celles qui vivent actuellement ont montré qu'on ne doit jamais la perdre de vue lorsqu'on veut arriver à des résultats exacts et approcher davantage

FIG. 10. — *Étoile de mer.*

de la classification naturelle ou se rendre compte de la filiation des êtres.

De l'espèce. — Ce que les classifications se proposent avant tout, c'est de classer les espèces, soit animales, soit végétales, dont se compose l'empire organique. Mais que sont elles-mêmes les espèces? On pourrait dire qu'elles sont comparables à des unités telles que l'arithmétique les définit et que l'histoire naturelle a pour principal objet de bien connaître ces unités. Les individus qui composent chacune d'elles n'ont qu'une importance secondaire si on les prend séparément parce qu'ils n'ont qu'une existence passagère; si nous les étudions c'est pour nous faire une idée des unités qu'ils constituent. Les espèces sont en effet des successions d'individus nés les uns des autres par voie de génération, se remplaçant les uns les autres, en subissant les mêmes évolutions organiques, présentant les mêmes caractères et aptes à remplir les mêmes fonctions. Ce n'est pas que chaque espèce soit toujours identique à elle-même dans tous ses individus, puisque l'âge, le sexe, etc., amènent à cet égard certaines différences; mais la répétition de ces différences mêmes et leur transmissibilité dans les principales races de chaque espèce est aussi un gage de la fixité relative de ces dernières.

Des théories encore bien hypothétiques ont été imaginées au sujet de l'origine des espèces et de la limite des variations dont elles sont susceptibles; nous n'avons pas à nous en préoccuper en ce moment. Qu'il nous suffise de poser les règles de la nomenclature des espèces et de leur classification.

Dans le langage ordinaire on désigne chaque espèce par un nom particulier, et l'on dit le cheval, l'âne et le zèbre, ou le loup, le chacal et le renard, sans se préoccuper si les trois espèces composant chacune de ces deux séries ont plus de rapports entre elles qu'elles n'en ont avec les autres. On dirait en latin *equus*, *asinus* et *zebra;* ou bien *lupus*, *anthus* et *vulpes*. C'est la nomenclature mononymique, ce qui veut dire que chaque espèce ne reçoit qu'un seul nom. Mais il y a des espèces d'animaux ou de plantes plus rapprochées entre elles qu'elles ne le sont des autres animaux ou des autres plantes, et il y a avantage à ce que les dénominations qu'on leur donne expriment ces ressemblances appelées *affinités* par les naturalistes. Aussi a-t-on pensé à former des associations d'espèces recevant un premier nom qui reste le même pour chacun des petits groupes que ces espèces constituent, et de plus un second nom qui diffère pour chacune d'elles dans un même groupe.

Genres, familles, etc. — Ces groupes primordiaux que l'on forme avec les espèces qui se ressemblent plus qu'elles ne ressemblent aux autres sont les *genres*. L'un des deux noms, donné à chaque espèce, indique le genre et on l'appelle générique ; l'autre, particulier à l'espèce, est dit spécifique. *Equus* devient le nom générique du cheval et des espèces qui lui ressemblent assez pour qu'on doive les placer dans le même genre que lui. Alors le cheval ordinaire est l'*Equus caballus* ; l'âne, l'*Equus asinus* et le zèbre, l'*Equus zebra*. De même le mot *Canis* sert à désigner les espèces du même genre que le chien ou que le loup, et l'on dit *Canis familiaris* (chien domestique), *Canis lupus* (loup), *Canis anthus* ou *Canis aureus* (chacal), *Canis vulpes* (renard), et ainsi de suite pour toutes les espèces de tous les autres genres, que ces genres appartiennent au règne animal ou au règne végétal.

Le tigre (*Felis tigris*), le lion (*Felis leo*), le jaguar (*Felis unça*), le cougouar (*Felis puma*), la panthère (*Felis pardus*), le chat sauvage (*Felis catus*) et d'autres espèces analogues constituent le genre *Felis*. De même en botanique *Quercus robur*, est le chêne blanc ; *Quercus ilex*, le chêne vert, etc.

Cette nomenclature des espèces et des genres est aussi appelée nomenclature linnéenne, parce qu'elle a été généralisée par Linné.

La réunion des espèces qui se ressemblent le plus entre elles et qui ont des aptitudes ou des propriétés analogues constitue donc les genres. L'association de certains genres rattachés les uns aux autres par des caractères importants qui ne se retrouvent pas chez d'autres genres, formant de leur côté de pareilles associations et ayant entre eux des affinités de même valeur, constitue les *familles naturelles*, et les *ordres* résultent de la réunion de certaines de ces familles lorsque l'on reconnaît entre elles des affinités supérieures à celles qui servent à grouper les espèces en genres ou en familles.

Au-dessus des ordres sont les *classes*, formées par la réunion de plusieurs de ces ordres et les *embranchements* ou les *types* qui résultent de leur côté du rapprochement de plusieurs classes entre elles.

Il y a cinq embranchements ou types zoologiques; ce sont les vertébrés, les articulés, les mollusques, les radiaires et les protozoaires.

Les vertébrés se divisent en cinq classes: les mammifères, les oiseaux, les reptiles, les batraciens et les poissons.

Les mammifères comprennent à leur tour plusieurs ordres, parmi lesquels nous citerons ceux des carnivores, des rongeurs, des bisulques et des cétacés.

Les carnivores se divisent en plusieurs familles que nous indiquerons pour le moment sous les noms de plantigrades et de digitigrades.

Les chiens (*Canis*) et les chats (*Felis*) sont des genres de carnivores digitigrades renfermant un certain nombre d'espèces dont nous avons énuméré les principales en rappelant les règles de la nomenclature binaire.

De même qu'il y a des règles pour la nomenclature des espèces propres à chaque genre, de même aussi il y en a pour celle des associations d'une importance supérieure aux genres que nous avons appelées des familles, des ordres, des classes et des types ou embranchements; mais les zoologistes ayant moins que les botanistes l'habitude de s'astreindre à ces règles, il importait de rappeler ici qu'elles existent. C'est par la désinence des mots employés que l'on reconnaît que tel nom s'applique à une famille. Simiadés (*Simadæ*), signifie par exemple l'ensemble des genres appartenant à la famille des singes ou *Simia* et Muridés (*Muridæ*) celui des genres qui rentrent dans la famille des rats ou *Mus*.

Classification des animaux.—Les différentes classes dont se compose le règne animal peuvent donc être rapportées à cinq grandes catégories primordiales nommées types ou embranchements auxquelles on a donné les noms d'animaux vertébrés, animaux articulés, animaux mollusques, animaux rayonnés et animaux très-simples ou protozoaires.

Aux ANIMAUX VERTÉBRÉS, dont les principaux caractères sont d'avoir un squelette intérieur et une moelle épinière protégée par la colonne vertébrale, appartiennent, comme nous l'avons déjà dit, les *mammifères*, les *oiseaux*, les *reptiles*, les *batraciens* et les *poissons*.

Les animaux de ces cinq premières classes sont trop connus pour qu'il soit nécessaire d'en citer des exemples.

Aux ANIMAUX ARTICULÉS se rapportent les *insectes* proprement dits ou insectes à six pattes, les *myriapodes* ou mille-pieds, les *arachnides*, telles que les araignées, les *crustacés*, dont les crabes et les écrevisses font partie, et les *systolides*, animaux presque microscopiques que l'on rangeait autrefois avec les infusoires, à cause de leur petite dimension. On y classe aussi les *vers*, partagés à leur tour en *annelides* et *helminthes* et constituant différents ordres.

Tous les animaux de cette grande division ont le corps plus ou moins annelé extérieurement et par conséquent articulé, ce qui leur a valu le nom sous lequel on les réunit; ils ont en général une chaîne nerveuse ganglionnaire placée au-dessous du tube digestif.

Aux ANIMAUX MOLLUSQUES appartiennent les *céphalopodes*, les *céphalidiens*, partagés en gastéropodes, hétéropodes et ptéropodes, les *conchifères*, les *brachiopodes*, les *tuniciers* et les *bryozoaires*. Les seiches sont des céphalopodes; les limaçons et les pourpres sont des céphalidiens gastéropodes ; les huîtres des conchifères ; les térébratules des brachiopodes; les ascidies des tuniciers et les alcyonelles des bryozoaires.

Tous ces mollusques ont le corps mou et inarticulé; leur système nerveux ne forme jamais une chaîne ganglionnaire, comme cela se voit chez les articulés.

Les ANIMAUX RAYONNÉS ou *radiaires*, dont le nom rappelle la forme caractéristique, sont : 1° les *échinodermes*, c'est-à-dire les échinides ou oursins, les astérides ou étoiles de mer, ophiures et encrines, et les holothurides ou holoturies ; 2° les *polypes* ou *radiaires célentérés*, partagés en acalèphes ou physophores et polypo-méduses, en zoanthaires avec ou sans polypiers et en coralliaires.[1].

Les PROTOZOAIRES ou *animaux les plus simples* se subdivisent en *spongiaires*, *foraminifères* et *infusoires*. Leurs organes sont rarement distincts et ils ont en général la structure sarcodique, c'est-à-dire diffluente et homogène. Cette homogénéité des tissus les rend très-différents des espèces classées dans les autres embranchements. La forme

FIG. 11. — *Noctiluques*. *

sphérique de beaucoup d'entre eux les avait d'abord fait appeler *sphérozoaires*.

1. Il serait plus conforme aux principes de la méthode naturelle de faire des échinodermes et des polypes deux embranchements au lieu d'un.

* Genre de protozoaires marins, qui est une des causes principales de la phosphorescence de la mer.

TABLEAU GÉNÉRAL

DE LA

CLASSIFICATION DES ANIMAUX.

Embranchements	Divisions	Classes
I VERTÉBRÉS	ALLANTOÏDIENS	*Mammifères.*
		Oiseaux.
		Reptiles.
	ANALLANTOÏDIENS	*Batraciens.*
		Poissons.
II ARTICULÉS	CONDYLOPODES ou *Arthropodes.*	*Insectes.*
		Myriapodes.
		Arachnides.
		Crustacés.
		Systolides.
	VERS	*Annélides.*
		Helminthes divers.
III MOLLUSQUES		*Céphalopodes.*
		Céphalidiens.
		Conchifères.
		Brachiopodes.
		Tuniciers.
		Bryozoaires.
IV RAYONNÉS	ÉCHINODERMES	*Échinides.*
		Astérides.
		Holothurides.
	POLYPIES	*Acalèphes.*
		Zoanthaires.
		Cténocères ou *Coralliaires.*
V PROTOZOAIRES		*Spongiaires.*
		Foraminifères.
		Infusoires.

Nous connaissons déjà les principales particularités propres à l'ensemble des animaux et celles qui distinguent chacun des cinq embranchements dont il vient d'être question.

La première classe du règne animal, celle qui surpasse

toutes les autres en perfection ainsi qu'en utilité, c'est-à-dire la classe des mammifères, nous occupera spécialement dans ce volume. Ce n'est que plus tard que nous devrons passer en revue l'ensemble des classes du règne animal qui manquent de mamelles et ne nourrissent pas leurs petits avec du lait [1].

Qu'il nous suffise pour compléter dès à présent ces remarques générales sur l'ensemble du règne animal, d'avoir rappelé dans le tableau qui précède les noms des différentes classes qui le composent, en indiquant pour chacune d'elles la place que lui assignent dans son propre embranchement les principaux caractères qui la distinguent.

1. *Enseignement secondaire spécial; deuxième année.*

CHAPITRE III.

ANIMAUX VERTÉBRÉS.

Caractères généraux. — Les vertébrés forment le premier embranchement de la série zoologique. Ils se font particulièrement remarquer par la supériorité de leur structure anatomique ainsi que par la perfection de leurs actes physiologiques. Leur corps est quelquefois annelé à l'extérieur, de manière à rappeler celui des animaux dits articulés, mais chez eux ce caractère n'est qu'accidentel, et, ce qui doit les faire séparer comme division primordiale, c'est qu'ils présentent toujours un squelette intérieur, comparable à celui de l'homme, tandis que cette disposition ne se retrouve jamais chez les autres animaux (fig. 12).

Ce squelette a pour axe la série des pièces nommées centres ou corps vertébraux qui sont une partie des vertèbres; il comprend en outre la tête, les parties concourant avec les vertèbres elles-mêmes à constituer la cage thoracique ainsi que la queue ou coccyx.

Les membres sont également soutenus par des parties squelettiques, mais qui ne relèvent pas de la composition vertébrale (fig. 13).

Que le squelette soit osseux, cartilagineux ou même simplement fibreux, on peut toujours y reconnaître une succession de segments résistants analogues à ceux dont les vertèbres forment la partie essentielle et que l'on a appelés des ostéodesmes.

Des arcs squelettiques, les uns supérieurs, les autres inférieurs aux mêmes corps, complètent ces segments et servent à la protection des viscères. Les premiers ou les supérieurs logent les centres nerveux; c'est-à-dire le cerveau et la moelle épinière (fig. 14 *snx*); les seconds forment une sorte de cage plus vaste dans une grande partie de son étendue et dont la cavité thoraco-abdomidale fait partie; c'est dans ces arcs sous-vertébraux (fig. 14 *snf*) que prennent place les viscères de la nutrition tels que le tube digestif, le cœur, les gros vaisseaux artériels et veineux, ainsi que les organes respiratoires et les reins; on y trouve aussi les organes internes de la reproduction.

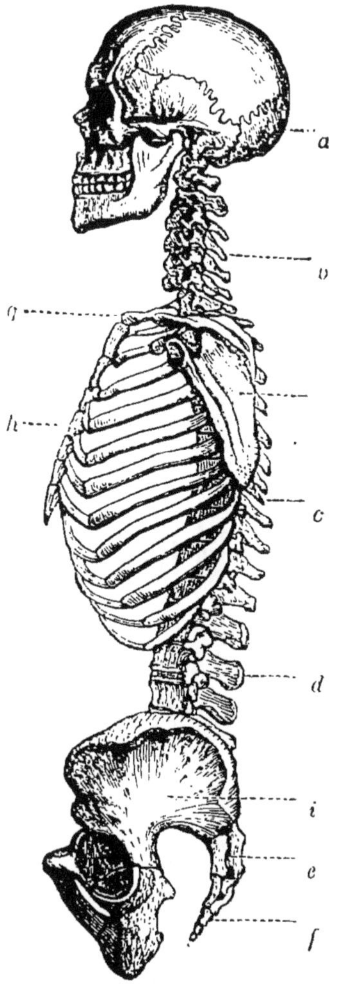

FIG. 12. — Squelette humain: crâne et tronc.*

Dans certains cas, particulièrement à la queue ou coccyx, les arcs supérieur et inférieur des vertébrés peuvent être égaux entre eux et offrir une grande ressemblance, ce que l'on voit très-bien à la queue des poissons.

Le système nerveux central des vertébrés est toujours encéphalo-rachidien, c'est-à-dire composé d'un cerveau ou encéphale et d'une moelle épinière, donnant naissance aux différents nerfs de la vie de relation. Ce système cérébro-spi-

* *a*) crâne; — *b*) les sept vertèbres cervicales; — *c*) les douze vertèbres dorsales; — *d*) les six vertèbres lombaires; — *e*) les cinq vertèbres sacrées dont la réunion forme le sacrum; — *f*) les quatre vertèbres coccygiennes — *g*) la clavicule; — *h*) le sternum; — *i*) os innominé.

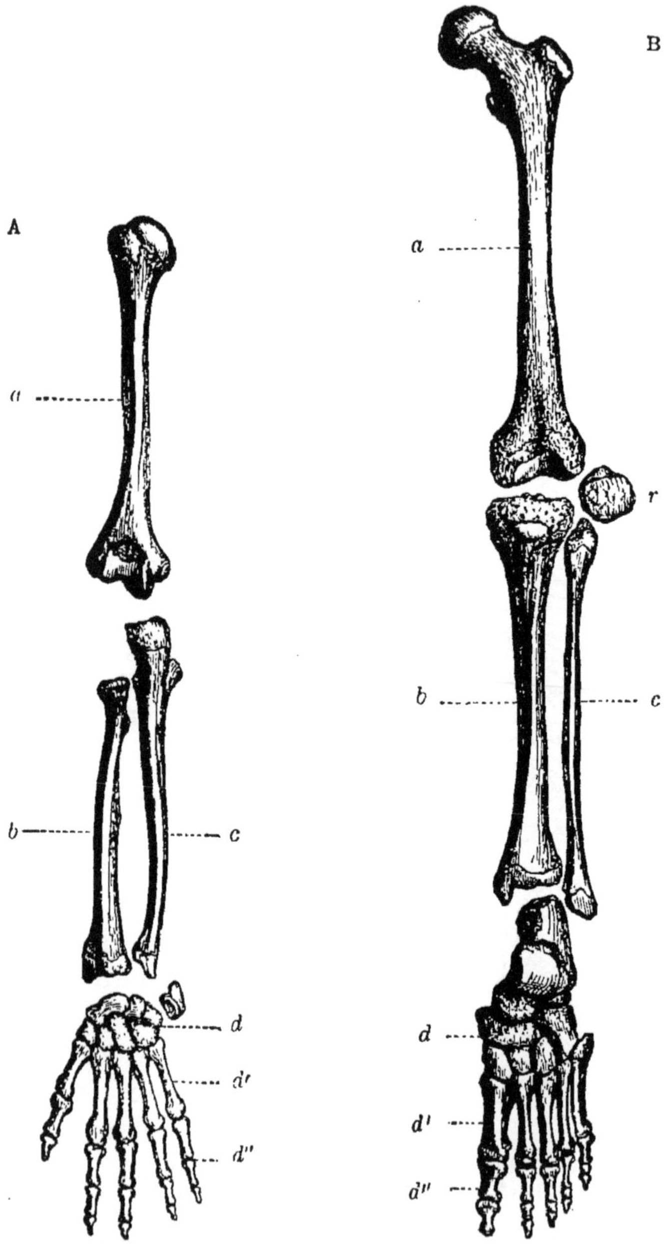

Fig. 13. — Squelette humain : membres.

A = le membre supérieur : *a*) humérus ; — *b*) radius ; — *c*) cubitus ; — *d*) carpe, — *d'*) métacarpe ; — *d''*) phalanges.

B = le membre inférieur : *a*) fémur ; — *b*) tibia ; — *c*) péroné ; — *d*) tarse ; — *d'*) métartase ; — *d''*) phalanges ; — *r*) rotule.

nal est placé, dans toute sa longueur, au-dessus des organes de la nutrition et séparé de ces derniers par la série des centres vertébraux qui constituent l'axe solide du corps et font partie de la colonne vertébrale. Le crâne et les arcs supérieurs de cette colonne lui fournissent une

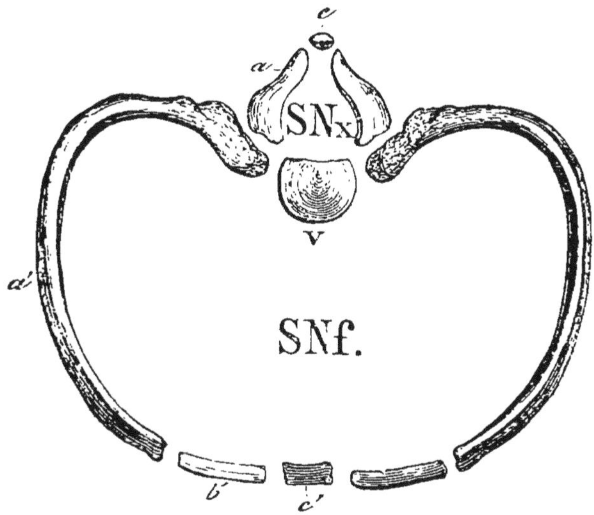

FIG. 14. — *Ostéodesme*, ou anneau squelettique des vertébrés (figure théorique).*

enveloppe protectrice dans laquelle il est renfermé comme dans un étui.

Le cerveau des mêmes animaux se compose de quatre parties diversement développées suivant les groupes que l'on étudie : ce sont les lobes olfactifs; les hémisphères cérébraux, surtout considérables chez les mammifères, qui ont plus d'intelligence que les autres vertébrés; les tubercules quadri-jumeaux ou lobes optiques et le cervelet

* SN*x* est le trou rachidien ou canal protecteur du système nerveux spinal; — SN*f* est le trou viscéral ou canal protecteur du système nutritif; — *v*) corps de la vertèbre ou centre osseux; — *a*) arc neural recouvrant le système nerveux et formé par les apophyses épineuses de la vertèbre qui se soudent bientôt entre elles et avec le corps vertébral; — *c*) partie épiphysarie de l'arc neural; — *a'*) l'arc hémal ou du système nutritif, formé par la partie osseuse des côtes et complété par leur partie cartilagineuse *b'*, ainsi que par la partie correspondante du sternum, *c'*.

auquel fait suite le bulbe rachidien. Ces divisions de l'encéphale sont plus faciles à séparer les unes des autres chez les reptiles, les batraciens et les poissons, que chez les mammifères ou les oiseaux, ce qui tient à la perfection du cerveau des derniers de ces animaux.

Chez l'homme, espèce supérieure à toutes les autres par son intelligence, le cerveau a un volume proportionnellement plus considérable que chez les autres espèces; et il est surtout développé dans ses hémisphères ou lobes de la seconde paire (fig. 17) qui en sont les parties essentiellement affectées aux fonctions intellectuelles.

L'orang-outan est déjà très-inférieur à l'homme sous ce rapport et cependant, il est le plus intelligent de tous les singes.

L'éléphant, tout en étant l'un des mammifères les mieux doués sous le rapport de l'intelligence, diffère beaucoup plus de l'homme par la conformation de son encéphale quoiqu'il ait cet organe bien plus volumineux que ne l'a l'homme lui-même.

La moelle épinière ou moelle rachidienne (fig. 15) fait suite à l'encéphale; elle fournit, comme ce dernier, des nerfs de sensibi-

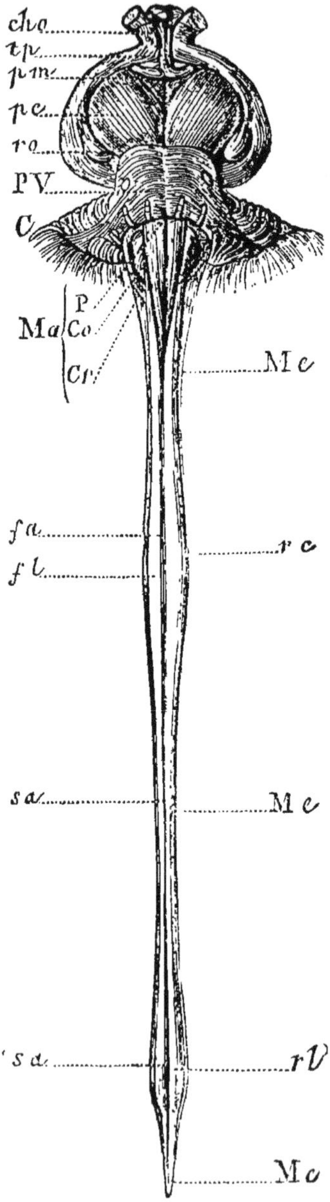

FIG. 15. — Partie centrale du cerveau et moelle épinière de l'*Homme*, vues en dessous.*

* *cho.*) chiasma des nerfs optiques; — *pc*) pédoncules du cerveau; —

lité générale et des nerfs de mouvement, mais point de nerfs de sensibilité spéciale comme le cerveau en envoie aux yeux, aux oreilles et au nez.

Réduite à sa partie médullaire, elle forme un cordon nerveux, plus ou moins allongé, suivant les espèces, placé en arrière du bulbe rachidien qu'elle continue et se trouve logée dans la partie du canal vertébral qui fait suite au crâne.

Il sera facile de se faire une idée du système encéphalo-radichien des vertèbres ainsi que des nerfs qu'il fournit aux différentes parties du corps en en faisant la préparation anatomique sur une grenouille (fig. 16).

Les vertébrés ont de plus un grand sympathique, partie du système nerveux essentiellement affectée aux actes de la vie de nutrition, et placée, comme les organes qui sont chargés d'en exécuter les fonctions, dans la grande cage osseuse formée par la portion thoraco-abdominale du squelette au-dessous des centres vertébraux. Il agit sans que les centres nerveux de la vie de relation, c'est-à-dire le cerveau et la moelle épinière, aient la sensation des actes dont il a la direction ; aussi l'animal n'a-t-il aucune conscience de la manière dont ces actes s'accomplissent.

Le sang des vertébrés est rouge, du moins dans la presque totalité des espèces de cet embranchement ; ce sont les globules et non le plasma qui lui donnent cette couleur. Il circule dans un système clos de vaisseaux et se rend dans tous les points du corps où s'opère la nutrition, ainsi que dans les poumons ou dans les branchies, organes de la respiration. Des vaisseaux capillaires, pla-

ro) racines optiques ; — *pv*) pont de Varole ; — *c*) portion du cervelet ; — *ma*) moelle allongée, montrant : *p*) les pyramides ; — *co*) les corps olivaires ; — *cr*) les corps restiformes ; — *me*, *me*, *me*) les trois rétrécissements principaux de la moelle épinière ; — *rc*) le renflement cervical ; — *rl* le renflement lombaire ; — *fo*) faisceau antérieur de la moelle ; — *fl*) faisceau latéral droit ou moyen (le faisceau postérieur ne se voit pas sur cette figure) ; — *sa*, *sa*) sillon antérieur.

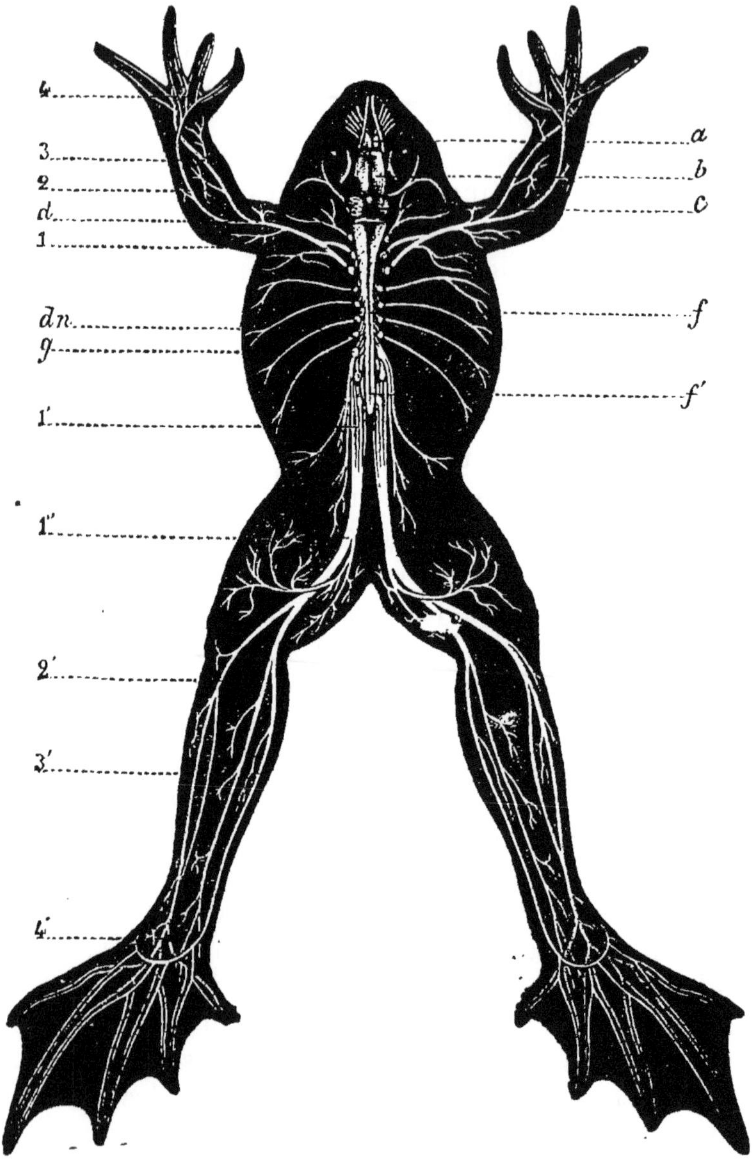

FIG. 16. — Système nerveux de la *Grenouille* (encéphale et nerfs de la vie de relation), vu par la face dorsale.*

* *a* à *d*) le cerveau et ses quatre parties, savoir : *a*) lobes olfactifs ; — *b*) hémisphères cérébraux ; — *c*) lobes optiques ; — *d*) cervelet ; — *ff*) moelle épinière ; — *g*) ganglions intervertébraux ; — 1 à 4) nerfs des membres antérieurs ; — 1') racines des nerfs cruraux ; — 1'') nerfs cruraux ; — 2' 3' et 4') leur distribution dans les membres postérieurs.

cés entre les dernières ramifications des artères et les premières divisions des veines, s'observent chez tous ces animaux. Les vertébrés ont aussi des vaisseaux lymphatiques et des vaisseaux chylifères.

On ne connaît d'exception bien certaine en ce qui concerne la couleur rouge du sang des vertébrés, que celle du branchiostome, espèce d'une organisation très-inférieure, appartenant à la classe des poissons, chez laquelle le cœur est réduit à un simple point pulsatile, où l'on ne distingue plus ni oreillette, ni ventricule.

Le branchiostome a le sang incolore; de plus, son cerveau se sépare à peine de la moelle épinière par ses dimensions. Ce singulier poisson est le moins parfait de tous les vertébrés, et sous ce rapport son étude offre un intérêt particulier.

Quant aux organes de respiration des vertébrés, ce sont tantôt des poumons, tantôt des branchies, suivant que ces animaux tirent directement l'oxygène de l'air atmosphérique ou qu'ils le prennent à l'air qui est en dissolution dans l'eau; mais dans l'un et dans l'autre cas, leur appareil respiratoire est constamment en rapport avec le commencement du tube digestif.

Les mammifères, les oiseaux et les reptiles, ont des poumons; les poissons et les jeunes batraciens possèdent des branchies.

Les poumons des oiseaux sont en rapport avec de vastes sacs aériens qui permettent l'inspiration d'une plus grande quantité d'air et conduisent ce dernier jusque dans les os. Les batraciens qui respirent d'abord par des branchies ont ensuite des poumons; cependant certains d'entre eux possèdent à la fois des organes respiratoires de ces deux sortes, et l'on retrouve la même particularité chez quelques poissons tels que le saccobranche et le lépidosirène.

Tous les vertébrés, à l'exception des serrans, poissons de mer appartenant à la même famille que les perches, ont les sexes séparés et portés par des individus différents, les uns mâles, les autres femelles. On ne constate dans aucune de leurs espèces des exemples de génération par bourgeonnement ou par division, ce qui s'explique par la supériorité même de leurs actes vitaux. Tous naissent par conséquent d'œufs, qu'ils soient vivipares ou, ce qui est plus fréquent encore, ovovivipares ou ovipares. C'est à eux surtout que s'applique cette formule, d'ailleurs trop générale, si l'on envisage le règne animal tout entier : *Omne vivum ex ovo.*

Le mode de développement des vertébrés n'est pas moins caractéristique. Ils ont toujours une vésicule vitelline, sorte de poche renfermant le jaune de leur œuf. Lorsque cet œuf a commencé à germer, elle est placée à la face ventrale de leur corps. Chez les mammifères, cette vésicule disparaît assez longtemps avant la naissance, mais il est des poissons qui n'en ont pas encore consommé le contenu lorsqu'ils éclosent; ils traînent alors pendant quelque temps sous leur ventre cette poche dont ils continuent à tirer les matériaux de leur première alimentation. Elle est assez volumineuse chez les jeunes des truites et des saumons : celle des raies et des squales est portée par un pédicule long et étroit.

Indépendamment de la vésicule du jaune, certains vertébrés possèdent, pendant les premiers temps de leur développement, une seconde vésicule placée en arrière de la précédente; celle-ci n'est également qu'un organe transitoire propre seulement aux premiers temps de la vie. Son développement est en sens inverse de celui de la vésicule vitelline. Chez les mammifères ordinaires, c'est elle qui forme le placenta et fournit ainsi à l'animal, avant sa naissance, le moyen de tirer de sa mère le sang nécessaire à son premier développement. Nous avons vu que les mêmes animaux avaient, au contraire, la vésicule vitelline fort petite et de courte durée.

On donne aux animaux vertébrés qui ont une vésicule

allantoïde le nom d'*allantoïdiens*, et à ceux qui manquent de cet organe le nom d'*anallantoïdiens*. Cette distinction importante sert à caractériser deux sous-embranchements parmi les espèces de cette grande division.

De Blainville était arrivé à un résultat peu différent, en tenant compte de l'absence ou de la présence des branchies chez ces animaux. Les allantoïdiens (mammifères, oiseaux et reptiles) répondent à ses vertèbres ornithoïdes, dont le mode de développement rappelle celui des oiseaux, et les anallantoïdiens (batraciens et poissons) à ses vertèbres ichthyoïdes. Les vertébrés se trouvent ainsi partagés en deux sous-embranchements dont le premier comprend trois classes : les mammifères, les oiseaux et les reptiles, et le second deux classes : les batraciens et les poissons.

Le tableau qui suit résume les principaux caractères de ces cinq classes.

Une vésicule allantoïde avant la naissance : point de branchies.	Les quatre cavités du cœur devenant distinctes,	des mamelles et des poils,	*Mammifères.*
		point de mamelles; des plumes,	*Oiseaux.*
	Les deux ventricules plus ou moins confondus en une seule cavité.	des écailles épidermiques servant de téguments,	*Reptiles.*
Pas de vésicule allantoïde : des branchies pendant le jeune âge ou pendant toute la vie.	Des métamorphoses après la naissance ou du moins apparition de poumons et de pattes; peau nue,		*Batraciens.*
	Point de véritables métamorphoses; des branchies à tous les âges; des nageoires au lieu de pattes; des écailles,		*Poissons.*

Comme nous le montre ce tableau, on emprunte aux téguments dont le corps des vertébrés est couvert, une partie des caractères qui servent à séparer ces animaux en classes.

Ceux d'entre eux qui ont une température constante et reçoivent, à cause de l'élévation de cette température, le nom de vertébrés à sang chaud, ont la peau garnie d'organes particuliers de la nature des phanères et constituant des poils ou des plumes. Les mammifères sont dans le premier cas; les oiseaux dans le second.

Tous les mammifères ont des poils; on en trouve même, quoique en petit nombre, sur le corps des cétacés. C'est aussi un caractère général chez les oiseaux d'être couverts de plumes.

Au contraire, les reptiles proprement dits n'ont plus qu'un épiderme épaissi en forme de squames ou fausses écailles, et si l'on peut appeler les mammifères des vertébrés pilifères et les oiseaux des pennifères, le nom qui conviendrait aux reptiles proprement dits serait celui de squamifères dont Blainville s'est également servi.

Les reptiles, vertébrés à température variable, n'avaient pas besoin d'être pourvus, comme le sont les animaux des deux classes précédentes, d'un appareil isolant destiné à retenir la chaleur due à leur activité vitale, car la quantité de cette chaleur est très faible chez eux, et se trouve réduite en proportion du travail limité que produisent leurs organes.

Sous ce rapport les reptiles ressemblent aux batraciens et aux poissons, et l'activité de leur respiration est en particulier bien au-dessous de ce que nous voyons être celle des mammifères et surtout celle des oiseaux; ces derniers sont, en effet, de tous les animaux, ceux qui produisent le plus de chaleur; ils sont aussi ceux dont l'activité respiratrice est la plus considérable.

Chez les batraciens l'absence de vêtements naturels est plus complète encore que chez les reptiles. Leur peau ne présente, au lieu d'un épiderme épaissi et résistant, qu'un simple épithélium comparable à celui des membranes muqueuses, et la surface entière de leur corps est le siége d'une abondante sécrétion.

Dans la classe des poissons nous voyons une autre particularité de la membrane tégumentaire. La peau de ces vertébrés est souvent garnie de petits corps appelés écailles, qui servent à sa protection.

Il y a différentes formes de ces écailles, et l'on en tire de très-bons caractères pour la distinction des nombreux groupes de ces animaux.

Les cécilies, qui sont des batraciens serpentiformes, montrent déjà de semblables organes, mais ils restent cachés dans leur peau.

CHAPITRE IV.

CARACTÈRES GÉNÉRAUX DES MAMMIFÈRES. CLASSIFICATION DE CES ANIMAUX.

Les mammifères sont de tous les animaux ceux dont l'organisation acquiert le plus haut degré de perfection. A ce titre, ils méritaient d'être placés avant les autres; aussi en a-t-on formé la première classe de l'embranchement des vertébrés.

Les naturalistes ne les ont réunis en un groupe unique que depuis l'époque de Linné. Antérieurement on en faisait deux catégories distinctes, l'une connue sous le nom de *quadrupèdes vivipares*, l'autre sous celui de *cétacés*, mode de répartition encore adopté par Lacépède, contrairement à l'avis de la plupart des savants du commencement de ce siècle. Cependant les anciens, et parmi eux Aristote, avaient en partie constaté les affinités que les mammifères terrestres et les cétacés ont entre eux, et ils savaient très-bien que les uns et les autres nourrissent leurs petits au moyen de lait sécrété par les mamelles.

Tous les mammifères qu'ils soient terrestres ou aquatiques sont pourvus de mamelles, ce qui leur a valu ce nom, signifiant *porteurs de mamelles*, et ils font également des petits vivants. En outre leurs organes les plus importants n'offrent point de différences considérables dans leur disposition générale.

Ce sont tous des animaux à température constante et à

respiration aérienne, simple, mais complète. Leur cavité thoracique, dans laquelle sont placés les poumons et le cœur, est toujours séparée de la cavité abdominale par un diaphragme. Leur cœur a quatre cavités, deux oreillettes et deux ventricules, et presque tous ont les globules sanguins de forme circulaire.

Les organes des sens acquièrent chez eux une très-grande perfection, même dans leurs parties accessoires; ainsi ils ont des paupières distinctes, et presque tous possèdent une conque auditive. On constate aussi dans leur cerveau des dispositions qui ne se retrouvent pas chez les vertébrés ovipares.

Dans aucune classe d'animaux le cerveau ne présente un volume aussi considérable, et c'est seulement parmi eux que l'on trouve des espèces pourvues de véritables circonvolutions cérébrales.

Leur bouche est garnie de lèvres charnues, sauf chez les monotrèmes*, et leur corps est habituellement couvert de téguments particuliers, les poils, qui permettent de distinguer à première vue les mammifères de tous les autres animaux, et sont destinés à conserver leur chaleur propre.

Les tatous, dont la peau est en grande partie encroûtée par des pièces osseuses formant une carapace; les pangolins, qui ont des écailles cornées sur presque tout le corps, ne sont pas entièrement privés de poils. On en trouve même, mais en petit nombre seulement, chez les cétacés, qui passent pour avoir le corps complétement nu. Quelques poils sont disséminés sur la peau des baleines; les jeunes des marsouins et de quelques autres espèces de dauphins en ont sur la lèvre supérieure, et le museau de l'inie, genre propre à l'Amazone et à ses affluents, en est en grande partie recouvert à tous les âges.

Le squelette lui-même peut servir à distinguer les animaux de la classe des mammifères. Les os restent épiphysés pendant les premiers temps de la vie; les pièces

* L'ornithorhynque et l'échidné.

dont se compose le crâne sont moins nombreuses chez les sujets adultes que chez les jeunes, ce qui tient à ce que plusieurs se soudent les unes aux autres par synostose, lorsque ces animaux avancent en âge ; l'occipital s'articule par deux condyles avec l'atlas ou première vertèbre du cou ; la mâchoire inférieure joue sur la cavité glénoïde du temporal par un condyle distinct, lui appartenant, et elle ne se compose jamais que d'une pièce pour chaque côté, tandis qu'il y en a toujours plusieurs à celle des vertébrés ovipares. Elle n'a pas d'os carré séparé du temporal. Enfin, sauf chez certains paresseux, le nombre des vertèbres cervicales est constamment de sept, et il n'y a que les cétacés qui aient plus de trois phalanges aux doigts.

Ajoutons que les dents des mammifères sont presque toujours pourvues de racines et implantées dans des alvéoles. Certaines d'entre elles ont même plusieurs racines chacune, ce qui n'a jamais lieu chez les ovipares. En outre, il est, dans beaucoup de cas, facile de distinguer ces dents en trois sortes : incisives, canines et molaires. Ce sont les dernières qui seules peuvent avoir plusieurs racines ; les incisives et les canines n'en ont qu'une seule chacune.

Classification des mammifères. — Beaucoup d'auteurs, et parmi eux Georges Cuvier, ont établi la classification des mammifères au moyen d'une heureuse combinaison de caractères tirés des membres de ces animaux et de leur dentition. Ils ont été conduits de la sorte à distinguer plusieurs ordres dans la classe qui nous occupe.

Ainsi tous les mammifères, sauf les sirénides et les cétacés ordinaires, qui, dans cette classification, prennent rang après les autres, ont constamment quatre membres et ces appendices sont terminés tantôt par des doigts onguiculés, c'est-à-dire pourvus d'ongles ou de griffes, comme les singes, les ours, les chiens, les lapins, etc., nous en fournissent des exemples, tantôt par des doigts ongulés, c'est-à-dire engagés dans des sabots, comme cela se voit chez les ruminants, ainsi que chez le rhinocéros, le cheval, le porc, etc. De là la distinction des mammifères quadrupèdes en deux catégories principales, les onguiculés ou mammifères à doigts terminés par des ongles, et les ongulés ou mammifères à doigts terminés par des sabots.

Les mammifères quadrupèdes pourvus de doigts onguiculés peuvent à leur tour être partagés en deux groupes, suivant qu'ils ont des mains, c'est-à-dire des extrémités terminales ayant le pouce opposable aux autres doigts, ce qui a particulièrement lieu pour les membres supérieurs de l'homme et pour les quatre membres chez la plupart des singes et des lémures, ou bien qu'ils n'ont pas les pouces opposables, comme on le voit chez l'ours, le chat, le chien, le lapin, le tatou et beaucoup d'autres.

Dans ce dernier cas, les mammifères ont trois sortes de dents, deux sortes de dents ou une seule sorte de dents.

De leur côté les animaux de cette classe qui possèdent des sabots ont l'estomac disposé pour ruminer, ou au contraire impropre à la rumination. Les pachydermes sont dans le premier cas et les ruminants dans le second.

G. Cuvier partage donc les mammifères en neuf ordres, savoir : les *bimanes*, les *quadrumanes*, les *carnassiers*, les *marsupiaux*, les *rongeurs*, les *édentés*, les *pachydermes*, les *ruminants* et les *cétacés*.

De Blainville a fait l'application à la classification des mammifères de remarques qui lui sont dues pour la plupart, et il a été par là conduit à donner de ces animaux une distribution assez différente de celle adoptée par G. Cuvier. Dans la subordination qu'il établit, il se laisse surtout guider par le mode de gestation qui fait que les mammifères sont plus vivipares, ou au contraire moins vivipares, et dans ce dernier cas plus rapprochés des vertébrés pondant des œufs, c'est-à-dire des oiseaux ou des reptiles, qu'ils ne le sont dans le premier. Il arrive ainsi à établir trois catégories bien distinctes, auxquelles il donne la valeur de sous-classes. Ce sont :

1° Les *mammifères monodelphes* ou *placentaires*, dont les petits n'ont besoin, pour se développer, que de la gestation ordinaire et passent toute leur vie embryonnaire et fétale dans le sein de leur mère, avec laquelle ils sont en communication par l'intermédiaire d'un placenta. Ces animaux sont, pour ainsi dire, plus vivipares que les autres et sous ce rapport ils se rapprochent de l'espèce humaine; c'est à leur sous-classe qu'appartiennent la plupart des mammifères.

2° Les *mammifères didelphes* ou *marsupiaux*, dont la gestation proprement dite est fort courte, mais se complète par une gestation mammaire destinée à assurer le complet développement des petits et à les porter au point où se trouvent ceux des monodelphes lorsqu'ils viennent au monde. Leurs fétus n'ont pas de véritable placenta.

3° Les *ornithodelphes* ou *monotrèmes*, animaux plutôt ovo-vivipares que réellement vivipares, et qui ont même été regardés pendant quelque temps, bien que à tort, comme pondant des œufs, ainsi que le font les oiseaux et les reptiles. Les seuls genres de cette troisième sous-classe sont l'ornithorhynque et l'échidné.

Ces trois sous-classes étant admises, voyons comment on peut subdiviser chacune d'elles en ordres et en familles principales; plus particulièrement la première, dont les genres sont si nombreux. Ici interviennent les caractères tirés des membres, ceux que fournissent les dents, ainsi que d'autres particularités employées précédemment, telles que la position pectorale ou abdominale des mamelles, la conformation du cerveau, la nature simple ou compliquée de l'estomac, etc.

Une première grande subdivision des *mammifères monodelphes* réunit tous ceux de ces animaux qui ont les membres disposés pour marcher, qu'ils soient franchement terrestres, capables de voltiger, comme les chauves-souris, ou même à demi aquatiques comme le sont les loutres, les castors et quelques autres. On peut y reconnaître quatre séries principales.

La première comprend les quadrumanes partagés en singes et lémures, les chéiroptères, les rongeurs et les insectivores;

La seconde est uniquement formée par les carnivores ou carnassiers ordinaires.

La troisième réunit les ongulés, c'est-à-dire les éléphants, les jumentés ou pachydermes proprement dits, qui ont les doigts impairs, et les bisulques soit ruminants soit porcins.

La quatrième se compose des édentés.

La deuxième grande subdivision des monodelphes est celle des mammifères appartenant à cette sous-classe, qui sont essentiellement aquatiques : elle se compose des phoques, des sirénides ou cétacés herbivores et des cétacés proprement dits ou cétacés souffleurs.

Les premiers de ces animaux semblent être une répétition des carnivores, mais ils sont conformés pour la vie maritime.

Au contraire, les seconds, tout en étant appropriés aux mêmes conditions d'existence, sont comparables à des ongulés qui auraient été modifiés pour vivre aussi dans l'eau; ils rappellent par la forme de leurs molaires certaines espèces de porcins, et par la position pectorale de leurs mamelles les éléphants.

Les troisièmes réunissent à certains traits tout à fait particuliers aux édentés d'autres caractères; aussi de Blainville les considérait-il comme plus voisins de ces animaux que des autres mammifères, et suivant lui ils les représenteraient au sein des eaux, ce qui tiendrait à une modification profonde de leurs organes locomoteurs en rapport avec les conditions particulières de séjour auquel la nature les a ainsi appropriés.

Le tableau qui suit cette exposition rendra l'ensemble de la classification des mammifères plus facile à apprécier et il en rappellera les principales indications.

CLASSIFICATION DES MAMMIFÈRES.

- **I. Monodelphes ou *Placentaires*.**
  - essentiellement terrestres et marcheurs.
    - dents de trois ou de deux sortes.
      - onguiculés
        - SINGES.
        - LÉMURES.
        - CHÉIROPTÈRES.
        - INSECTIVORES.
        - RONGEURS.
        - CARNIVORES.
      - ongulés.
        - PROBOSCIDIENS.
        - JUMENTÉS.
        - BISULQUES *ruminants et porcins.*
    - dents d'une seule sorte — ÉDENTÉS.
  - essentiellement nageurs et marins.
    - des membres antérieurs et des membres postérieurs. — PHOQUES.
    - point de membres postérieurs.
      - SIRÉNIDES (cétacés herbivores).
      - CÉTACÉS.
- **II. Delphes ou *Marsupiaux*.**
  - Australiens. ....
    - Phascolomes.
    - Kangurous.
    - Phalangers.
    - Péramèles.
    - Dasyures.
    - Myrmécobies.
  - Américains.................... Sarigues.
- **III. Ornithodelphes ou *Monotrèmes*.**
  - ....
    - Ornithorhynques.
    - Échidnés.

CHAPITRE V.

PRIMATES (HOMME, SINGES ET LÉMURES).

L'Homme.

Comparaison de l'homme avec les animaux. — L'homme est le plus parfait des êtres doués de la vie. Indépendamment des caractères moraux qui le distinguent et lui assignent des destinées si différentes de celles de toutes les autres créatures, il leur est supérieur par sa structure organique, ainsi que par les fonctions à l'aide desquelles il accomplit son rôle à la surface du globe; aussi son anatomie et sa physiologie, étudiées jusque dans leurs moindres détails, justifient-elles la place que la science lui accorde dans la classification des corps naturels, en tête de tout l'empire organique; l'examen des caractères de l'homme aide à mieux comprendre la dignité de sa nature et il nous montre toute la supériorité de son organisme.

Caractères particuliers de l'espèce humaine. — Lorsqu'il a assigné à l'homme le premier rang parmi les Primates, animaux qui constituent eux-mêmes son premier ordre des mammifères, Linné a fait voir qu'il connaissait parfaitement les particularités d'organisation par lesquelles plusieurs espèces de singes nous ressemblent; mais, en ne séparant pas, même génériquement, ces espèces d'avec l'homme, il a commis une faute grave, car il a montré qu'il ne se faisait pas une idée suffisamment exacte de la valeur de ces particularités anatomiques qui, tout en rapprochant de nous les premiers des animaux, les laissent cependant encore à une distance considérable.

L'harmonie des proportions du corps humain ; la beauté de ses lignes ; sa station droite (*situs erectus*) et les dispositions qui rendent cette station possible ; la tête si bien équilibrée au-dessus du tronc et la dignité du visage (*os sublime*) qui porte ses regards au ciel (*cœlum tueri jussit*), au lieu de les abaisser vers le sol comme le font les animaux ; l'élévation du front et l'ampleur du crâne, traduisant au dehors le développement exceptionnel du cerveau, c'est-à-dire des principaux centres d'innervation affectés aux fonctions de relation ; la perfection des mains qui sont à la fois des organes de tact et de préhension, ainsi que les instruments les plus délicats dont l'intelligence humaine puisse disposer ; la conformation de membres inférieurs réservés pour la marche et dont le pouce n'est pas opposable aux autres orteils : toutes ces particularités extérieures dont on pourrait augmenter encore la liste, font de l'homme une espèce bien différente de celles qui méritent la dénomination de singes. Elles ne permettent pas davantage de l'associer génériquement à ceux de ces animaux auxquels le grand naturaliste suédois, par une application évidemment exagérée de ses propres principes de classification, avait momentanément étendu le nom d'hommes.

Pourtant on ne saurait nier que ce ne soit de ce groupe d'animaux que notre espèce se rapproche par sa structure et aucune autre division des mammifères ne lui ressemble par un aussi grand nombre de particularités. C'est là une notion vulgaire dont tout le monde a pu reconnaître la justesse, et il en est si bien ainsi que pendant longtemps, c'est par la dissection des singes que l'on s'est fait une idée de la conformation du corps humain, quelquefois même sans que cela fût à la connaissance des personnes auxquelles ces notions étaient destinées. En effet, on a considéré comme le résultat de recherches anatomiques entreprises sur le cadavre humain l'anatomie laissée par Galien, et pourtant Vesale a montré qu'elle avait été faite sur l'observation des singes, alors que la dissection de l'homme était défendue. C'est d'ailleurs ce dont le texte même de Galien ne permet pas de douter.

Quoique chez l'homme les os incisifs se soudent constamment avec les maxillaires supérieurs et que notre espèce manque du développement coccygien propre à la plupart des quadrumanes, son squelette est à beaucoup d'égards

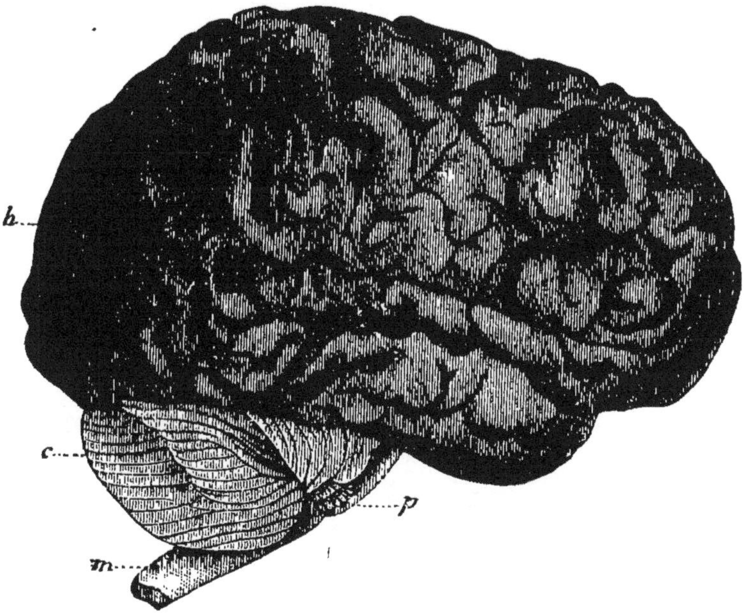

FIG. 17. — Cerveau humain ; vu de profil. *

comparable à celui de ces animaux. L'analogie n'est pas moins évidente si l'on examine la conformation des autres systèmes d'organes et on la retrouve jusque dans le cerveau, quoique chez l'homme l'encéphale acquière une tout

* *h*) hémisphère droit ; — *p*) protubérance annulaire ou pont de Varole ; — *c*) cervelet ; — *m*) moelle allongée.

autre perfection que celui des singes ou des autres mammifères; que, par exemple, il ait des hémisphères volumineux, soit riche en circonvolutions, et soit surtout développé dans sa partie antérieure, laquelle sert spécialement aux fonctions intellectuelles.

D'ailleurs c'est une presque similitude que l'on constate entre notre espèce et certains singes si l'on compare leur système dentaire, les dents affectant chez l'homme la for-

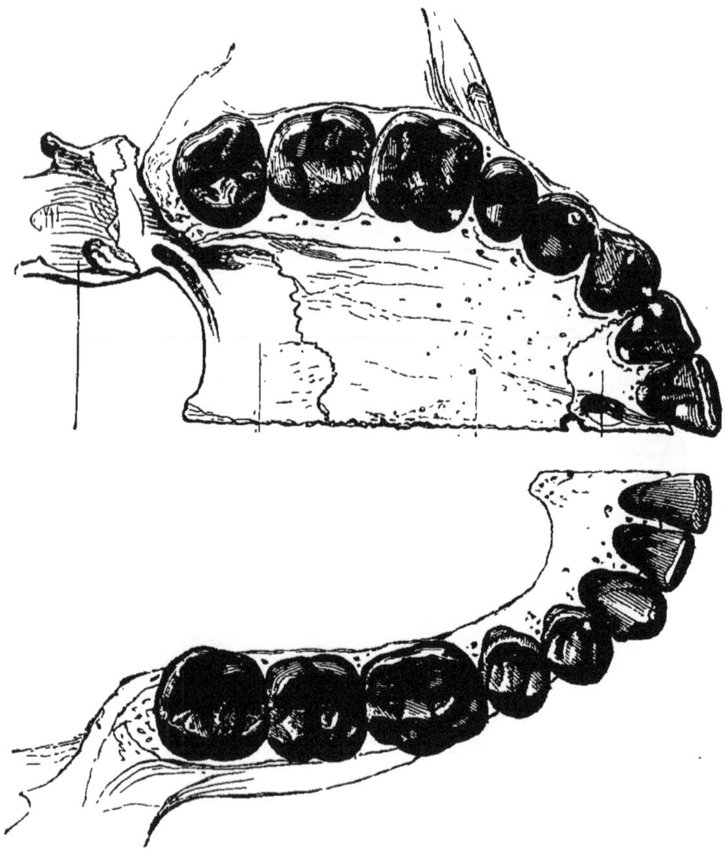

FIG. 18. — Les dents de l'*Homme*, vues par la couronne.

mule propre aux espèces de ce groupe qui habitent l'ancien continent et jusqu'à un certain point la même forme. Il est vrai qu'il s'agit dans ce cas d'organes affectés aux fonctions moins relevées de la digestion.

Le nombre total des dents humaines est de 32, disposées d'après la formule suivante :

$$\frac{2}{2} \text{ incisives, } \frac{1}{1} \text{ canines, } \frac{5}{5} \text{ molaires de chaque côté.}$$

La dentition de lait est également la même dans les deux groupes (fig. 19) que nous comparons et se compose de 20 dents pour chaque côté des mâchoires, savoir :

$$\frac{2'}{2'}\,i\;\; \frac{1'}{1'}\,c\;\; \frac{2'}{2'}\,m.$$

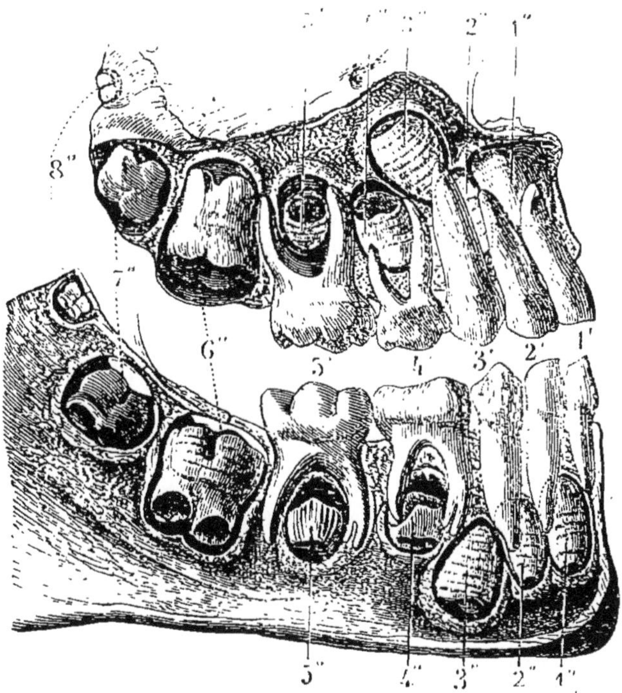

Fig. 19. — Première dentition de l'*Homme* et germes des dents de la seconde dentition. *

Si l'homme diffère par certains caractères des premiers animaux, à plus forte raison est-il facile à distinguer de

* 1′ 2′ 3′ 4′ et 5′ sont les dents de la première dentition, dites aussi *dents de lait*, parmi lesquelles on distingue de chaque côté $\frac{2}{2}$ incisives, $\frac{1}{1}$ canines, $\frac{2}{2}$ molaires — 1″ à 8″ sont les germes des dents permanentes ou dents de la seconde dentition.

ceux qui occupent des degrés moins élevés dans l'échelle mammalogique; cependant on doit reconnaître que ces différences ne sont que relatives, et l'on chercherait en vain dans sa structure anatomique les moyens de le séparer d'une manière absolue du reste des êtres vivants. C'est par elle qu'il leur ressemble, et plus on établit de comparaisons entre les animaux et lui, mieux on comprend ses traits distinctifs, plus aussi l'on se fait une idée exacte des qualités supérieures dont la nature l'a comblé.

En éloignant l'homme des animaux dans la classification, on commettrait une erreur préjudiciable aux progrès de la science; on se priverait d'un terme de comparaison et d'un point de départ auquel tous les êtres vivants doivent être rapportés; en outre, on justifierait les prétentions des personnes qui, niant les ressemblances organiques qui rattachent notre espèce au reste de la création, contestent la légitimité des conclusions que l'anatomie, la physiologie et la médecine ont tirées de leur examen comparatif. Sans exagérer ces analogies comme l'avait fait Linné, Buffon les a comprises autant et mieux que lui, et il a dit avec beaucoup de sens que « s'il n'existait point d'animaux, la nature de l'homme serait encore plus incompréhensible. »

Un intervalle considérable existe donc à différents égards, entre le genre humain et les premiers des animaux.

Depuis longtemps répandu sur tous les points du globe, l'homme a subi des variations qui se sont transmises de génération en génération suivant les contrées où il s'est établi, et ont constitué des races particulières formées elles-mêmes de rameaux plus ou moins distincts.

Il y a trois races principales : la blanche, la jaune et la noire, et d'autres qui les relient à certains égards et établissent la transition des uns aux autres, comme la race brune et la race cuivrée. Après la race des nègres africains, se placent les mélanésiens ou nègres de l'Australie et de la Polynésie, et, au dernier rang, les Hottentots confinés dans une partie de l'Afrique australe.

Races.	Rameaux.	
1° Blanche	*Aryâ* ou européen	323 000 000
	Araméen	44 700 000
	Scythique	36 300 000
2° Brune	*Abyssin*	10 000 000
	Indou	160 000 000
	Indo-Chinois (Siamois, Annamites, etc.)	18 000 000
	Malais (des Moluques et de l'Océanie)	27 000 000
3° Jaune	*Sinique*	469 000 000
	Mongol	8 000 000
	Hyperboréen ou arctique	120 000
4° Cuivrée	*Nord-Américain*	5 000 000
	Sud-Américain	4 500 000
5° Nègre	*Cafre* / *Nègre*	76 000 000
6° Mélanésienne	*Papou* / *Andamène*, *Australien*, etc	150 000
7° Hottentote	*Hottentot* / *Boschiman*	?
Plus les *hybrides*, individus provenant du croisement des races précédentes, et que l'on désigne suivant leur origine par les noms de *métis*, *mulâtre*, *zambos*, etc		18 000 000
	Total (environ)	1 200 000 000

ORDRE DES SINGES.

Ces animaux, que Linné appelait *primates*, à cause de leur supériorité sur tous les autres, et qu'il réunissait dans un même ordre avec l'homme, ont, en général, une certaine ressemblance avec notre espèce dans la disposition de leurs organes, souvent aussi dans leur apparence extérieure. Quoique déjà très-inférieurs à notre espèce sous beaucoup de rapports, les premiers singes sont plus particulièrement dans ce cas.

Les singes ont les mamelles constamment pectorales et au nombre de deux. La plupart ont les quatre pouces opposables aux autres doigts, ce qui a fait dire qu'ils étaient pourvus de quatre mains et a fait nommer quadrumanes l'ordre dans lequel on les a placés. Leurs pouces de derrière possèdent toujours ce caractère, mais il peut manquer

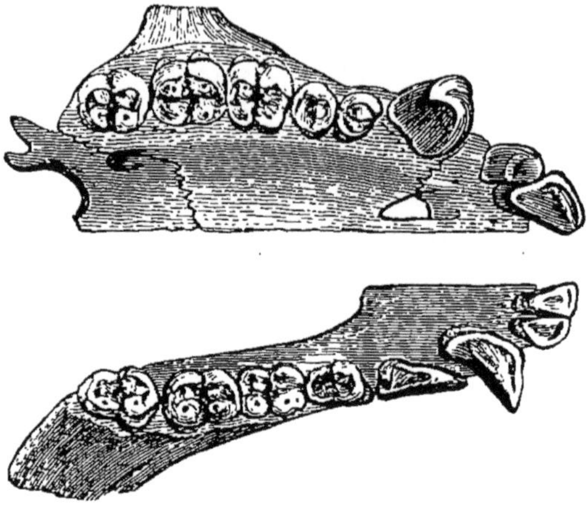

FIG. 20. — Dentition de *Guenon*.

antérieurement. Leur dentition est appropriée à un régime presque exclusivement frugivore, et ils ont une formule dentaire analogue à la nôtre ou même tout à fait semblable si l'on ne considère que leurs espèces propres à l'ancien continent. Enfin leur cerveau, qui est presque constamment pourvu de circonvolutions, a, comme le cerveau humain, ses lobes olfactifs plus petits que ceux des autres animaux.

Les singes, mammifères si variés en espèces et si curieux par la vivacité de leurs allures, sont répandus dans l'ancien continent ainsi que dans le nouveau; mais leurs traits principaux sont différents pour chacune de ces deux grandes régions du globe.

1° Encore plus rapprochés de l'homme que ceux de l'Amérique, les singes de l'ancien continent, ou les PITHÉCIENS, ont, comme nous, les dents au nombre de trente-deux. Ils ont la cloison qui sépare leurs narines étroite; leurs fesses sont le plus souvent garnies de plaques épidermiques recouvrant les tubérosités ischiatiques et nommées *callosités;* leur queue, qui n'est jamais prenante, est parfois courte ou tout à fait nulle à l'extérieur. Dans ces cas on ne trouve sous la peau qu'un coccyx rudimentaire, comme cela existe aussi dans notre espèce.

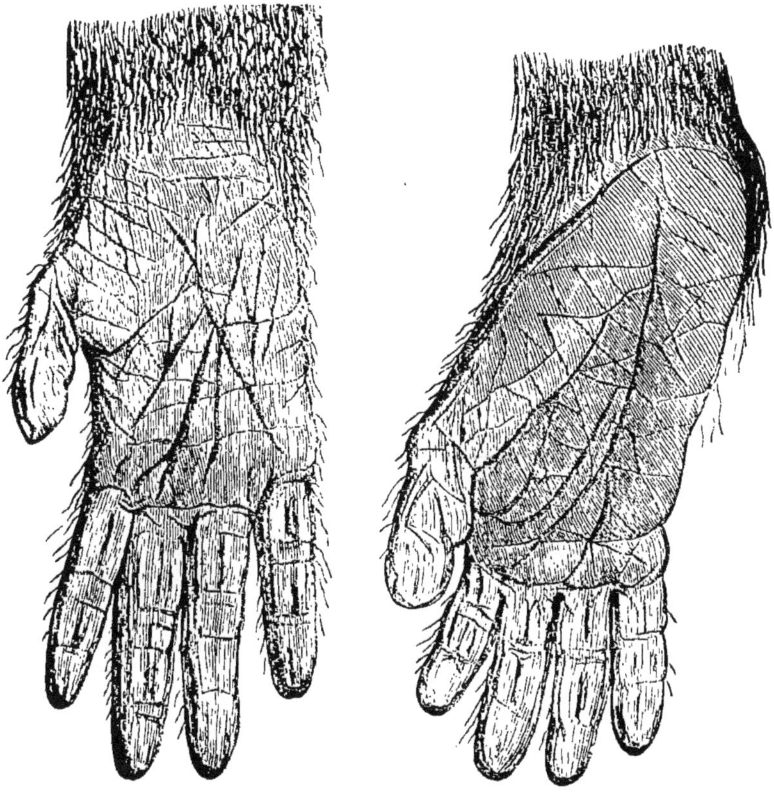

FIG. 21. — Mains antérieure et postérieure du *Chimpanzé.*

Les singes connus sous le non d'orang, de chimpanzé et de gorille, sont plus grands que les autres et le gorille dépasse même ceux des deux premiers genres en dimensions. Ce sont des animaux fort intelligents mais qui deviennent farouches avec l'âge, et comme leur force est alors très-grande, ils sont extrêmement redoutables. Les gibbons appartiennent au même groupe qu'eux, mais ils restent moins grands et leur caractère conserve plus de douceur.

Ces premiers singes sont souvent appelés anthropomorphes, dénomination qui rappelle la ressemblance qu'ils ont avec l'homme. A leur tête se place l'*orang-outan* (fig. 7 et 22), qui vit à Sumatra et à Bornéo, où il habite de préférence sur les arbres, dans les endroits marécageux.

FIG. 22. — *Orang-Outan* (femelle et son petit).

Le *chimpanzé* (fig. 23) est de la côte occidentale d'Afrique. Ses proportions sont moins différentes de celles de l'homme, mais il ne se tient pas non plus debout dans la marche. Au lieu de posséder la station droite

Chimpanzé (jeune).

drupèdes.

humaine, il a le corps incliné, est comme l'orang, obligé de s'appuyer sur ses membres de devant, ce qui lui donne

FIG. 24. — *Gorille* et son petit.

déjà une grande ressemblance avec les qua

Le *gorille* (fig. 24) est propre aux mêmes régions que le chimpanzé, particulièrement aux forêts du Gabon. Il a des dimensions supérieures à celles de l'homme.

Ce singe avait déjà été distingué du chimpanzé par les voyageurs qui ont visité la côte occidentale d'Afrique pendant le dix-septième siècle, mais il a été depuis lors confondu avec lui par beaucoup de naturalistes. Il en diffère cependant par des caractères importants, les uns extérieurs, les autres profonds, que fournissent le cerveau, les dents, le squelette et divers autres organes.

Avec l'âge, il devient d'une force prodigieuse, et ses épaules acquièrent une grande largeur. Il a les oreilles moins grandes que le chimpanzé; son museau est plus saillant, et il a aussi les arcades sourcilières plus prononcées. Par sa couleur, il ressemble, au contraire, au chimpanzé; mais ses mœurs sont bien différentes et il est beaucoup plus redouté. Des observations ont été recueillies à son sujet par les voyageurs contemporains. Dans plusieurs musées, on en possède aussi des peaux, des crânes, des squelettes même qui ont permis de se faire une idée exacte des principales particularités anatomiques qui le distinguent, mais il n'a pas encore été apporté vivant dans nos ménageries.

Les *gibbons* sont aussi des singes sans queue, mais ils ont des callosités fessières qui manquent aux précédents; leur caractère change peu avec l'âge et ils restent doux, ce qui établit une grande différence entre eux et l'orang, le chimpanzé ou le gorille, mais leur intelligence est moins développée que la leur. On en distingue plusieurs espèces, toutes de l'Inde ou de ses îles.

Les autres singes de l'ancien continent sont les cynocéphales, les macaques, les semnopithèques et les guenons, animaux qui se voient dans presque toutes les ménageries, principalement les macaques et les guenons ou cercopithèques. Ils sont originaires de l'Inde ou de l'Afrique.

Les cynocéphales appartiennent presque tous à l'Afrique; les guenons sont aussi du même continent. Les semnopithèques et les macaques, au contraire, vivent à quelques exceptions près dans l'Asie méridionale. On trouve de ces singes jusqu'au Thibet et il y a une espèce de macaque au Japon (*Macacus speciosus*).

FIG. 25. — *Magot* (de l'Algérie).

Certains de ces animaux ont encore la queue courte ou même à peu près nulle extérieurement. Tous portent des callosités comme les gibbons. Ils ont aussi des abajoues.

Les cynocéphales méritent une mention particulière. Ils sont de plusieurs espèces et semblent devoir être classés immédiatement après les anthropomorphes. Ce sont des animaux fort intelligents, mais qui deviennent méchants et farouches lorsqu'ils vieillissent. Ils ont des habitudes grossières et qui suffiraient à justifier le nom de singes cochons par lequel on les désigne souvent, à cause du prolongement en groin de leur face et du grognement qu'ils font entendre.

Les colobes sont des singes africains fort semblables aux semnopithèques qui habitent l'Inde et l'on pourrait les placer dans le même genre qu'eux; mais leurs mains antérieures manquent de pouces.

Les mangabeys, qui tiennent aux macaques par certains caractères et par d'autres aux guenons, sont aussi des animaux d'Afrique.

L'Europe ne possède actuellement qu'une seule espèce de singes, le magot (fig. 25) (*Macacus inuus*), qui est de la tribu des macaques. Il y est confiné dans les parties de l'Espagne les plus rapprochées de la côte d'Afrique; on le voit particulièrement à Gibraltar, mais il est plus commun au Maroc et en Algérie.

Il y en a des troupes non loin d'Alger dans les gorges de la Chiffa ainsi qu'aux environs de Philippeville. On en voit plus fréquemment en Kabylie. Cette espèce est étrangère à la région du Nil ainsi qu'au reste du continent africain.

2° Les singes du nouveau continent (CÉBINS ou sapajous) ont tantôt 36 dents (fig. 26), tantôt 32 (fig. 27 et 28); mais dans tous les cas ils ont 24 dents de lait au lieu de 20, comme l'enfant et les jeunes singes de la tribu qui précède.

Leur queue est souvent prenante, et ils manquent toujours de callosités. Il faut également ajouter que leurs narines sont séparées par une large cloison, tandis que la cloison internasale des pithécins est étroite et rappelle celle de l'homme.

Ces animaux sont plus petits que les singes de l'ancien continent; ils ont aussi des mœurs plus douces; c'est pourquoi la plupart peuvent être tenus sans inconvénient dans nos habitations; il est même possible de leur laisser une

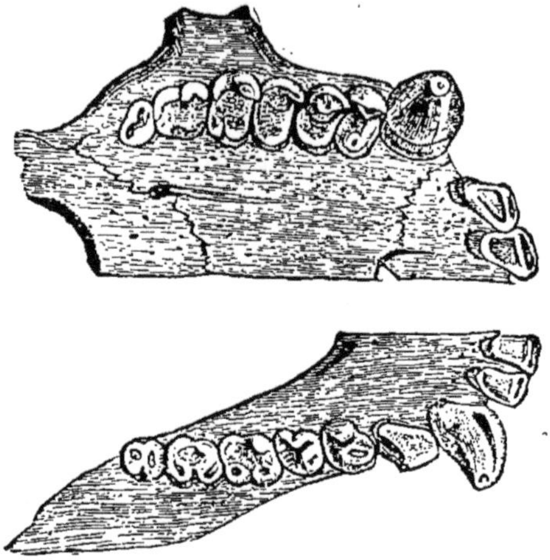

FIG. 26. — Les dents du *Sajou*, vues par la couronne.

liberté dont les singes de la première tribu ne tarderaient pas à abuser.

On a partagé les cébins ou singes d'Amérique en plusieurs genres, dont les principaux sont ceux des hurleurs,

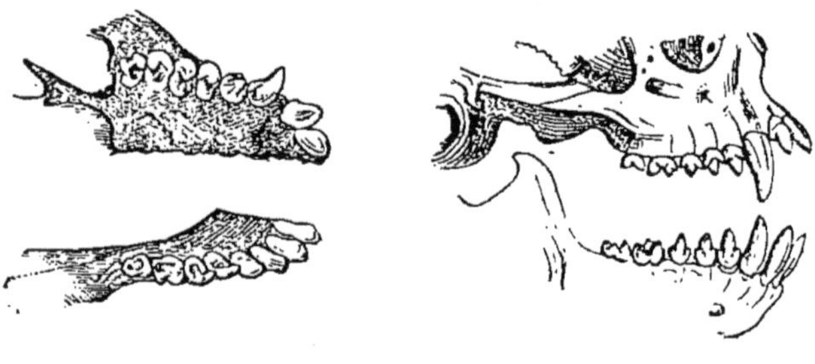

FIG. 27 et 28. — Les dents de l'*Ouistiti*, vues par la couronne et de profil.

des ériodes, des atèles, des sajous, des sagouins, des nyctipithèques, des sakis, des saïmiris et des ouistitis.

Les hurleurs sont remarquables par l'étendue de leur voix; le corps de leur os hyoïde est excavé en tambour.

Les atèles (fig. 29) et les ériodes n'ont que des rudi-

FIG. 29. — *Atèle.*

ments de pouces antérieurs; leurs proportions sont grêles et élancées. Ce sont des animaux très-doux et qui ont des allures singulières. On les appelle quelquefois singes-araignées.

Les sajous sont les cébins qui nous viennent le plus fréquemment; ils sont doux et intelligents et il est aisé de leur apprendre beaucoup de petits tours.

Les ouistitis (fig. 30) atteignent une moindre taille, et

FIG. 30. — *Ouistiti.*

leur apparence extérieure rappelle celle des écureuils. La dentition de ces singes ne comporte que 32 dents, mais la formule en est différente de celle des singes de l'ancien continent quant à la répartition des molaires en fausses et en vraies molaires (fig. 27 et 28) ; leurs ongles ont la forme de griffes et leurs pouces antérieurs ne sont plus opposables (fig. 31).

C'est à des animaux de la même tribu, c'est-à-dire à des cébins qu'appartiennent les débris fossiles des singes qu'on a recueillis en Amérique ; les singes fossiles de l'Europe rentrent au contraire dans la division des Pithéciens. Ce fait de géographie zoologique est des plus importants à

FIG. 31. — Main de devant de l'*Ouistiti*.

noter, car il montre que certains groupes naturels sont soumis à une répartition régulière dans leur distribution sur le globe.

ORDRE DES LÉMURES.

Les LÉMURES, dont les makis constituent le principal genre, ont le museau plus allongé que les singes, et assez comparable à celui des renards, aussi les appelle-t-on quelquefois singes à museau de renards. L'ongle de leur deuxième orteil est habituellement subulé, c'est-à-dire allongé et plutôt comparable à la griffe des carnivores qu'aux ongles aplatis qui garnissent leurs autres doigts ou à ceux des singes et de l'homme. Ces animaux vivent de fruits et d'insectes comme le font aussi les singes véritables.

On les trouve principalement à Madagascar, où ils constituent plusieurs genres, formant deux tribus principales : les makis (genre *Lemur*) et les indris. Les makis sont très-agiles. Ils vivent par troupes. Leur voix est une sorte de petit grognement. Ce sont des animaux nocturnes. Il y en a de plusieurs espèces dont quelques-unes plus petites que les autres ou offrant quelques particularités dans la dentition et dans la forme du crâne, ce qui les a même fait regarder comme constituant des genres à part.

Les indris proprement dits n'ont qu'une queue très-courte; leur corps est plus élancé et ils ont les jambes de derrière fort longues; d'autres espèces du même groupe ont au contraire la queue allongée. Les Malgaches recherchent les indris à cause de leur éducabilité.

Les galagos et les pottos ou pérodictiques sont deux autres genres de lémures propres à l'Afrique. Les premiers se tiennent de préférence dans les grandes forêts de gommiers.

Les loris qui vivent dans l'Inde et dans quelques-unes de ses îles, sont aussi des animaux de l'ordre des lémures. Les tarsiers sont également des lémures. On ne les connaît qu'aux îles Moluques.

On doit rapprocher de la même division un genre fort curieux, mais chez lequel les caractères principaux des mammifères quadrumanes sont déjà sensiblement altérés. Ce genre est celui du chéiromys, particulier à Madagascar et dont la dentition rappelle celle des rongeurs par suite de la présence, chez l'adulte, d'une barre à la place occupée par les canines dans les autres quadrumanes.

CHAPITRE VI.

ORDRE DES CARNIVORES.

Comme leur nom l'indique, les carnivores se nourrissent essentiellement de la chair des autres animaux, particulièrement de celles des mammifères et des oiseaux. Ce sont par excellence des animaux de proie ; aussi sont-ils mieux armés que les autres, et leurs dents aussi bien que leurs pattes concourent avec la souplesse habituelle de leurs allures pour les rendre redoutables. On leur associait autrefois sous le nom de carnassiers, différents autres mammifères ayant aussi le régime animal, tels que les chéiroptères les insectivores et les phoques.

Certains carnivores sont plantigrades (ours, blaireaux, etc.) et marchent sur la plante des pieds ; les autres ont le talon et le carpe plus ou moins relevés, ce qui ne laisse porter à terre que la partie digitale de leurs pieds ; tels sont les chiens et les chats. On donne à ces derniers le nom de digitigrades ; mais une même famille peut renfermer des genres qui soient les uns digitigrades, et les autres plus ou moins plantigrades.

Les carnivores ont trois sortes de dents. Leurs incisives, au nombre de six, à chaque mâchoire, ont la couronne coupante (fig. 34); leurs canines sont saillantes et propres à déchirer la chair ; leurs molaires sont parfois aussi tranchantes que des lames de ciseaux. Chez ceux qui sont omnivores, comme les ours, les chiens, ou les blaireaux, les dernières molaires sont au contraire émoussées et élargies à leur couronne qui présente des tubercules plus ou moins nombreux. Le protèle est un singulier carnivore, qui a les molaires rudimentaires, mais ses incisives et ses canines ressemblent à celles des autres genres du même ordre. Cet animal vit en Afrique.

Dans certains cas les ongles des carnivores sont rétractiles, c'est-à-dire capables de se redresser lorsqu'ils ne s'en servent pas et de se porter au contraire en avant lorsqu'ils veulent griffer. Le chat nous offre un exemple bien connu de cette disposition et les espèces qui appartienent à la même famille que lui telles que le lion, le tigre la panthère, etc., possèdent aussi la même particularité. Cependant les guépards n'ont pas les ongles rétractiles.

Il y a différents groupes dans l'ordre des carnivores.

Un des principaux est celui des ours, qui comprend plusieurs espèces et en particulier l'ours brun d'Europe ainsi que l'ours blanc ou ours maritime propre à la mer gaciale.

Le groupe des félis ayant pour type le chat est plus nombreux en espèces. On y rapporte le lion (fig. 32), le tigre, la panthère et beaucoup d'autres dont les habitudes sont ausi très-sanguinaires.

Les guépards sont des félis propres à l'Asie méridionale et à certaines parties de l'Afrique dont le caractère est assez souple pour qu'on les emploie à la chasse ; ils sont presque aussi grands que des panthères.

Aux canis ou carnivores comparables au chien par leurs mœurs et par leur organisation se rattachent des espèces non moins variées parmi lesquelles il nous suffira de citer le loup, encore répandu dans un grand nombre de nos forêts ; le renard moins redoutable et plus commun ; le chacal qui tient du loup et du renard et qui s'il ne vit plus en Europe que dans une partie de la Grèce, est en revanche très-abondant en Afrique et dans l'Asie méridionale. Des espèces plus ou moins différentes représentent ces animaux en Amérique.

Viennent ensuite les mangoustes et les civettes à la division desquelles appartiennent les genettes représentées en Europe par une espèce vivant en Espagne et en France; puis les hyènes et les animaux des genres blaireau, fouine, putois et loutre.

Les loutres sont aquatiques et vivent dans les rivières. Le nord du Pacifique en possède une espèce essentiellement marine dont la peau fournit une fourrure d'un grand prix fort recherchée des Chinois.

FIG. 32. — *Lion.*

La plus petite espèce de carnivores est la belette qui est un animal du même genre que le putois. La fouine, la martre, la zibeline rentrent dans un genre très-voisin, ce sont des animaux sanguinaires aussi redoutables pour le gibier que pour nos oiseaux domestiques, mais dont la peau fournit d'excellentes fourrures et constitue un objet important de commerce.

L'homme n'a pas d'ennemis plus redoutables que les carnivores, et, dans toutes les parties de l'ancien continent

FIG. 33. — *Belette* et sa dentition.

comme dans le nouveau, il est en guerre ouverte avec eux soit pour sa propre défense, soit pour celle de ses troupeaux ou de ses oiseaux de basse-cour.

L'ours, le lynx, le chat sauvage, le loup, le renard, le glouton sont, en Europe, les carnivores les plus à craindre ; après eux viennent les blaireaux, les genettes, les martres, les fouines, les putois, et des espèces de moindre taille, comme l'hermine ou la belette (fig. 33) dont nous avons déjà parlé. Une espèce d'ours a des habitudes essentiellement aquatiques ; c'est l'ours blanc (*Ursus maritimus*) qui vit dans la mer glaciale. Les ours sont devenus rares sur un grand nombre de points, et en France il n'y en a plus que dans les régions élevées des Alpes ou des Pyrénées.

Des carnivores plus terribles que la plupart de ceux qui peuplent à présent l'Europe ont autrefois habité ce continent; nous citerons parmi eux un grand félis analogue au lion, un autre, tout à fait semblable à la panthère, des hyènes et un très-grand ours, nommé *Ursus spelæus*. Ils ont disparu antérieurement à l'époque historique. Cependant le lion ordinaire existait encore en Thrace du temps d'Hérodote.

Pendant la période tertiaire, des carnivores différents de ceux-là, et qui pour la plupart appartenaient à d'autres genres, ont habité nos régions.

Aujourd'hui l'Afrique nourrit des lions, des panthères ainsi que des hyènes, et il y a des animaux analogues dans l'Inde, où l'on trouve de plus le tigre royal, félis encore plus sanguinaire que le lion.

En Amérique vivent le jaguar et le cougouar, ainsi que plusieurs autres félis également redoutables; mais, dans tous ces pays, de même qu'en Europe, l'homme a trouvé dans son association avec un animal du même ordre, le moyen de lutter contre les bêtes fauves. Le chien l'aide à les combattre, et il est aussi le fidèle gardien de ses troupeaux. Cependant il est encore bien des contrées où le nombre des grands carnivores est resté fort considérable. Le colonel Sykes rapporte que, de 1825 à 1829, il a été tué, dans un seul district de l'Inde anglaise, 1032 tigres ; et, chaque année, des centainnes d'Indiens sont les victimes de ces terribles quadrupèdes.

FIG. 34. — Dents du *Chat.*

Les récits que nous ont laissés les Romains prouvent que les carnivores étaient de leur temps extrêmement nombreux dans le nord de l'Afrique.

Le tigre, le lion, la panthère et les autres carnivores du

même genre que le chat sont, de tous les carnivores, ceux

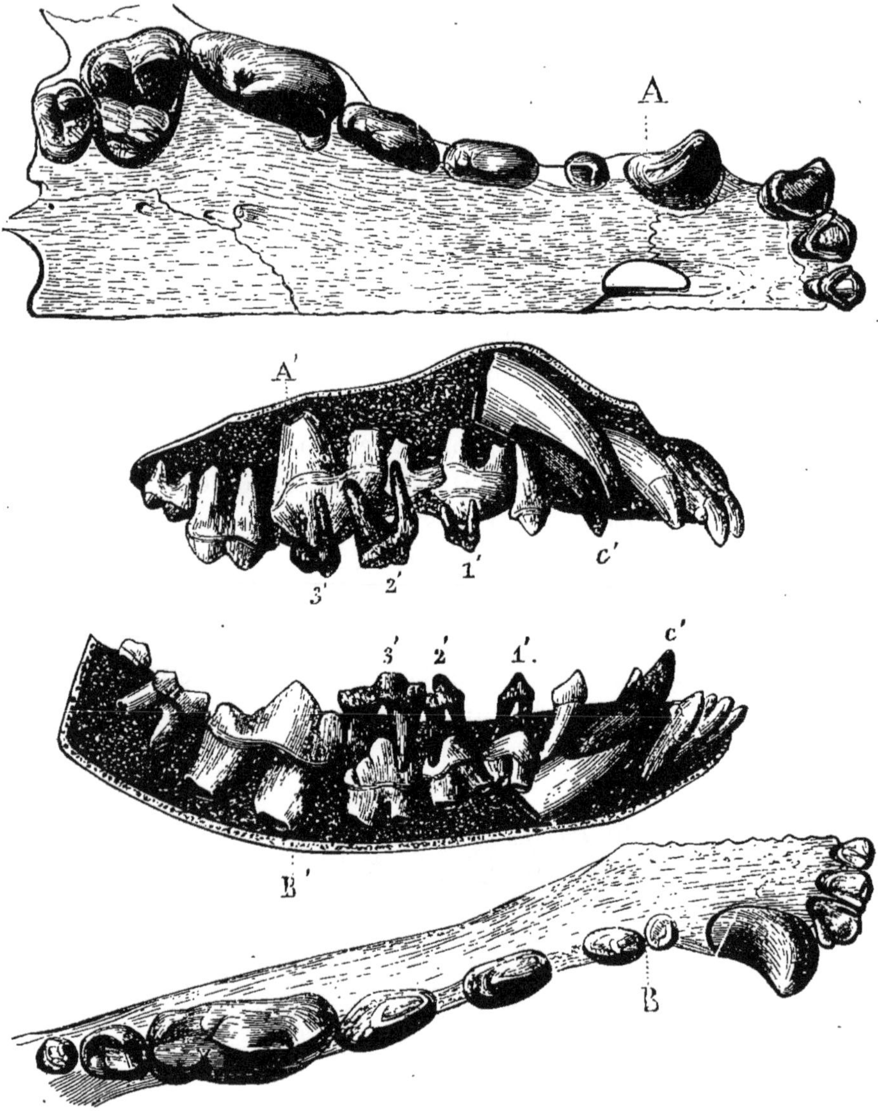

FIG. 35. — Dentition du *Chien* *.

* A et B = les dents supérieures et les dents inférieures (incisives, canines et molaires) d'un chien presque adulte.

A' et B' = les dents de lait et avec elles, les dents de la seconde dentition en voie de développement. Ces dernières sont placées au-dessous des canines (c' c'), et des molaires de lait (1' 2' et 3') de la première dentition ou dentition de lait ; les autres sont déjà visibles dehors.

qui ont les appétits carnassiers les plus prononcés, et, à l'état de liberté, ils ne vivent que de proies vivantes (fig. 34).

Leurs dents sont plus tranchantes que celles des autres carnivores ; ils ont de plus les ongles rétractiles et leur langue est garnie de papilles cornées qui leur permettent de râper pour ainsi dire la chair à mesure qu'ils la lèchent.

Certains carnivores qui mangent des insectes ont les molaires sensiblement épineuses et comparables, sous ce rapport, à celles des insectivores proprement dits ; c'est ce que l'on voit particulièrement chez les mangoustes de petite taille.

Les hyènes, dont il y a trois espèces en Afrique, et les animaux de la famille des chiens associent les os au sang et à la chair, et les hyènes préfèrent cette dernière à l'état de putréfaction. On trouve dans leurs excréments qui sont solides(coprolithes ou *album græcum*) le phosphate de chaux de leurs aliments solides, c'est-à-dire des os. Par contre, les ours sont complétement omnivores.

Il existe pour les différents régimes propres aux carnivores des formes particulières de dents molaires. Ces organes sont surtout tranchants chez ceux qui vivent exclusivement de chair et dont il vient d'être question, c'est-à-dire chez les Félis : ils sont en grande partie tuberculeux et à couronne émoussée dans les espèces dont le régime est plus ou moins omnivore.

CHAPITRE VII.

ORDRE DES BISULQUES (RUMINANTS ET PORCINS).

Animaux à doigts pairs, dont l'astragale a la forme d'osselet, c'est-à-dire qu'il ressemble à l'os ainsi nommé dans le mouton et dans le porc (fig. 44). Les uns ont l'estomac multiloculaire (fig. 36), sont herbivores et ruminent ; les autres sont omnivores ; leur estomac est simple ou du moins peu compliqué ; ils ne ruminent pas.

On partage les bisulques en deux sous-ordres : les *Ruminants*, regardés par beaucoup d'auteurs comme un ordre à part, et les *Porcins*.

Ruminants.

Les ruminants dont on fait le plus souvent un ordre à part malgré les rapports qui les rattachent au reste des bisulques, c'est-à-dire aux porcins, sont des mammifères à sabots qui se distinguent de tous les autres par leur estomac multiloculaire et propre à la rumination. On y reconnaît habituellement les quatre parties décrites sous les noms de panse, bonnet, feuillet et caillette (fig. 36).

Leurs dents affectent une disposition également caractéristique. En général, les molaires sont au nombre de six paires à chaque mâchoire, et les replis de l'émail y sont disposés en croissants ; il n'y a ni canines ni incisives supérieures, et la canine inférieure est en pince, peu différente des trois paires d'incisives que présente la même mâchoire (fig. 37).

Les chameaux sont les ruminants qui s'éloignent le

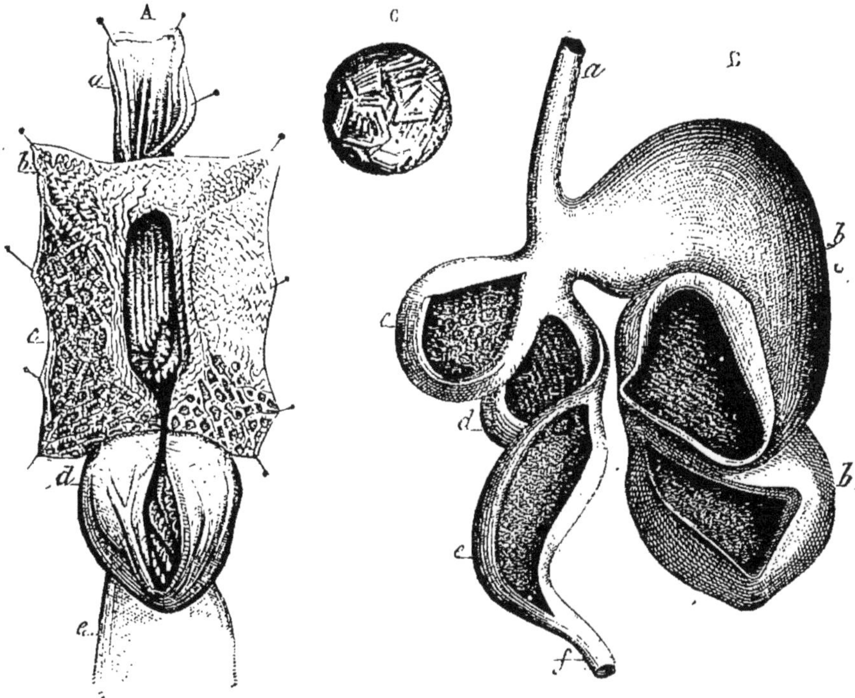

FIG. 36. — Estomac de *Ruminant* (*Mouton*)*.

plus de cette disposition. Ils possèdent, même à l'état adulte, une paire de fortes canines supérieures, ainsi qu'une paire d'incisives insérées sur la même mâchoire.

Cet ordre ou plutôt ce sous-ordre est riche en espèces, les unes de taille moyenne, les autres beaucoup plus gran-

* A = *a*) la partie inférieure de l'œsophage fendue : — *b*) partie de la panse ; — *c*) partie du bonnet ; les deux cavités ont été ouvertes pour montrer la gouttière ou rainure, communiquant avec l'œsophage, qui facilite la rumination ; — *d*) feuillet fendu longitudinalement ; — *e*) partie de la caillette.

B = *a*) œsophage ; — *b b*) panse divisée en deux compartiments ; — *c*) bonnet ; — *d*) feuillet ; — *e*) caillette ; — *f*) commencement du duodénum : les quatre divisions de l'estomac ont été ouvertes pour en montrer l'intérieur.

C = Pelote alimentaire que l'animal fait remonter de son estomac à sa bouche pour la mâcher de nouveau, ce qui constitue l'acte de la rumination.

des. Toutes viven en troupeaux, ce qui les avait fait appeler *Pecora* par Linné.

C'est parmi elles que l'homme a trouvé ses principaux animaux domestiques : les bœufs, les chèvres, les moutons, qui nous fournissent chacun plusieurs de leurs espè-

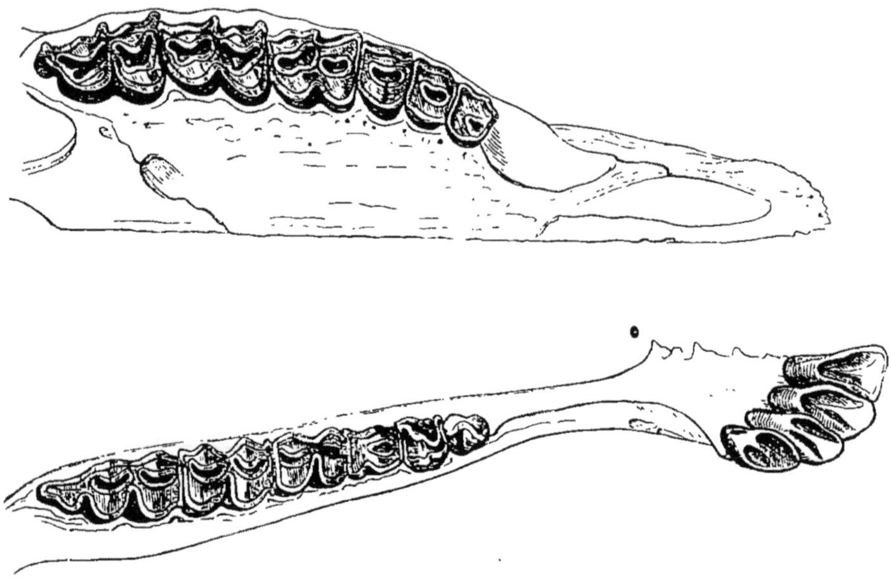

FIG. 37. — Les dents du *Mouton*, vues par la couronne.

ces; le renne (fig. 38), sorte de cerf si utile aux Lapons et aux Esquimaux; le chameau et le dromadaire, surtout employés dans l'Inde et en Afrique; enfin les lamas, déjà domestiqués dans l'Amérique méridionale, avant l'époque de la conquête de ce pays par les Espagnols.

Un autre caractère des ruminants réside dans leurs pieds fourchus, c'est-à-dire bisulques à la manière de ceux des porcs, mais ayant de plus que ceux de ces animaux les deux métacarpiens et métatarsiens principaux réunis en un seul os auquel on donne le nom de canon (fig. 43). L'hyémosque ou chevrotain de Guinée fait seul exception à cette règle.

Enfin les ruminants ont en général le cerveau pourvu de nombreuses circonvolutions et sont des animaux intelligents.

Cet ordre se partage en plusieurs familles, en tête desquelles on doit placer celle des BOVIDÉS ou ruminants à cornes recouvertes d'étuis épidermiques, dont les bœufs, les chèvres, les bouquetins, les moutons, les mouflons et la nombreuse division des antilopes font partie.

Des bœufs sauvages ont autrefois vécu dans notre pays. Il y en avait de deux espèces distinctes, les uns assez semblables aux bœufs domestiques, mais plus grands qu'eux;

FIG. 38. — *Renne.*

les autres comparables au bison d'Amérique et appartenant à l'espèce aujourd'hui presque éteinte des aurochs. Les hommes d'alors faisaient la chasse à ces grands bœufs, comme les Peaux-Rouges d'Amérique la font de nos jours aux bisons que leur pays nourrit encore en abondance.

Les mouflons (fig. 39), dont il existe une espèce en Sardaigne et en Corse, sont de moindre taille et se rapprochent plus particulièrement des moutons. Les Monts-

Aurès, en Algérie, en nourrissent une seconde espèce qui se trouve aussi dans la haute Égypte. On lui donne le nom de mouflon à manchettes. Quant aux bouquetins, ils ressemblent davantage aux chèvres et l'on a quelquefois supposé que ces dernières n'en étaient que des variétés dues à la domestication. Quelques points des Alpes et des Pyrénées ainsi que la Sierra-Nevada, en Espagne, en nourrissent encore. Il y en a d'autres en Égypte et dans l'Asie. Ce sont aussi des animaux de montagnes.

FIG. 39. — *Mouflon* (de Corse).

Les antilopes sont bien plus nombreuses en espèces et elles ont dû être partagées en plusieurs genres. L'Afrique en nourrit plus qu'aucun autre continent.

Les Alpes et les Pyrénées possèdent le chamois qui est une espèce d'antilopes.

Une seconde espèce européenne du même groupe vit

dans la région des Monts-Ourals; c'est le saïga, qui paraît s'être étendu jadis jusqu'en France.

Les antilopes ont pour la plupart des formes gracieuses; leur pelage n'est pas moins élégant et quelques-uns acquièrent de grandes dimensions, comme le gnou, le canna et plusieurs autres vivant dans l'intérieur de l'Afrique ou dans ses parties australes.

En Algérie, l'antilope la plus commune est une gazelle

FIG. 40. — *Antilope dorcas.*

(*Antilope dorcas*) (fig. 40), du groupe qui renferme aussi la corinne et le kevel. C'est un animal à la fois agile et élégant.

Nous citerons parmi les autres le bubale, qui acquiert une plus grande taille.

L'Inde fournit entre autres espèces du même groupe le tchikara, qui porte quatre cornes tandis que les autres ruminants n'en possèdent que deux.

Une antilope non moins singulière est l'antilope furcifère de l'Amérique centrale, dont les cornes sont pourvues sur leur longueur d'une sorte d'andouiller et sont par conséquent bifurquées.

Après les bovidés viennent les CERVIDÉS ou ruminants à bois caducs, tels que l'élan, le renne et les diverses espèces de cerfs, par exemple le cerf ordinaire, le daim et le chevreuil.

On rencontre aussi de véritables cerfs dans le nord de l'Afrique, particulièrement auprès de La Calle. En Asie vivent d'autres espèces de la même famille et il en existe aussi dans les deux Amériques.

Les cornes des cervidés portent le nom de bois. Ce sont des prolongements osseux des os frontaux, recouverts d'une simple peau qui se dépouille lorsqu'ils ont acquis leur développement. Chaque année ils tombent pour repousser de nouveau.

Il a vécu autrefois en Europe plusieurs espèces de la famille des cerfs qui différaient de celles d'à présent. Quelques-unes ont laissé d'innombrables débris auprès d'Issoire (Puy-de-Dôme), dans les dépôts sous-volcaniques de cette localité, et aussi auprès du Puy-en-Velay.

Les tourbières de l'Irlande renferment beaucoup d'ossements d'une espèce, également anéantie, le *Cervus megaceros*, aussi appelé cerf à bois gigantesque. Cette grande espèce a également vécu en France.

Vers la fin de l'époque glaciaire, le renne (fig. 38) s'était répandu jusque dans les parties centrales de l'Europe où il était d'une grande utilité pour l'homme. Ses débris, souvent travaillés de diverses manières et transformés en instruments, se rencontrent dans les cavernes associés aux silex taillés et à d'autres objets provenant des premières sociétés humaines. Aujourd'hui encore le renne est un animal indispensable aux peuples de race hyperboréenne.

La girafe (fig. 41), si remarquable par sa forme et par la longueur de son cou, se rapproche à quelques égards de la famille des cervidés. Ses cornes sont petites et fines;

FIG. 41. — *Girafe.*

elles sont entièrement velues et ne tombent pas. Cette grande espèce habite le centre de l'Afrique.

D'autres ruminants sont constamment privés de prolongements frontaux. Ils constituent deux catégories bien distinctes :

1° Les CHEVROTAINS, animaux ayant encore quelque ressemblance avec les plus petites espèces de cervidés. A leur groupe appartiennent le porte-musc, les tragules ou meminna et l'hyémosque ;

2° Les CAMÉLIENS, comprenant le chameau à deux bosses et le dromadaire, l'un et l'autre originaire d'Asie, ainsi que le lama, l'alpaca et la vigogne qui sont propres à l'Amérique méridionale.

Ruminants domestiques. — C'est à cet ordre de mammifères qu'appartiennent la plupart de nos animaux domestiques, particulièrement ceux que nous élevons pour leur chair ou leur lait. Précieux sous ce rapport, certains d'entre eux ne le sont pas moins par la force qu'ils mettent à notre disposition, et les travaux de l'agriculture reposent en grande partie sur l'emploi des ruminants du genre *bœuf*.

Le bœuf domestique (*Bos taurus*), aujourd'hui répandu sur presque tout le globe et dont les principales variétés sont si intéressantes à étudier et en même temps si utiles, est la principale des espèces que nous a fournies le genre auquel il donne son nom (*Bos*). Ses congénères le zébu (*B. indicus*), propre à l'Inde ; l'yack (*B. grunniens*) des monts Altaïs et de l'Himalaya ; le buffle (*B. bubalus*) et l'arnie (*B. arnee*) fort semblable au buffle, mais à cornes bien plus longues, sont également d'une grande utilité.

2° *Porcins.*

L'analogie qui existe entre le pied du porc et celui des ruminants a été remarquée de tous temps et elle a fait classer ces animaux dans un même groupe, sous la dénomination commune de *bisulques* ou bisulces.

Cependant, depuis Cuvier, cette manière de voir, quoique parfaitement fondée, avait été abandonnée en considération de la conformation particulière des dents des porcins, qui dans les espèces actuellement existantes, par exemple dans le porc et dans le sanglier, diffèrent

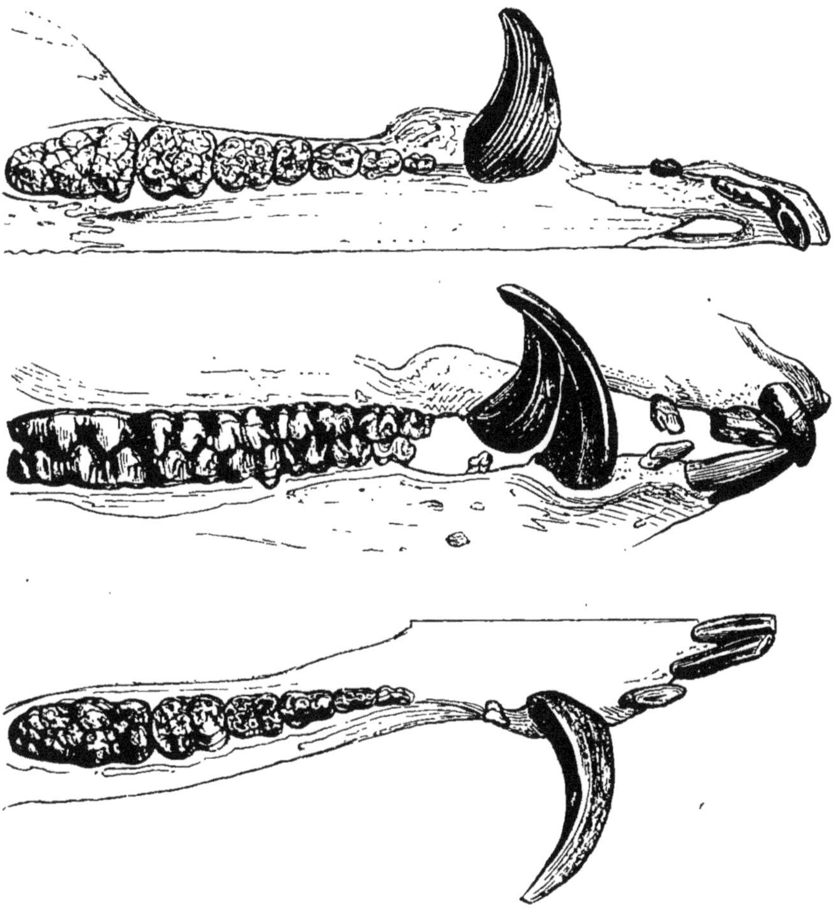

FIG. 42. — Dentition du *Sanglier*.

notablement de celles des bœufs, des moutons et des cerfs (fig. 42).

Les sangliers et les porcs, ainsi que les animaux qui appartiennent au même groupe naturel, comme l'hippopotame, le phacochère, le babiroussa et le pécari ont dès lors été réunis aux jumentés, c'est-à-dire aux chevaux, aux rhinocéros, etc., sous la dénomination commune de pachydermes, tandis que les ruminants ont été considérés comme formant un ordre à part. Cependant les porcins n'ont pas d'affinités réelles avec les jumentés; ils en

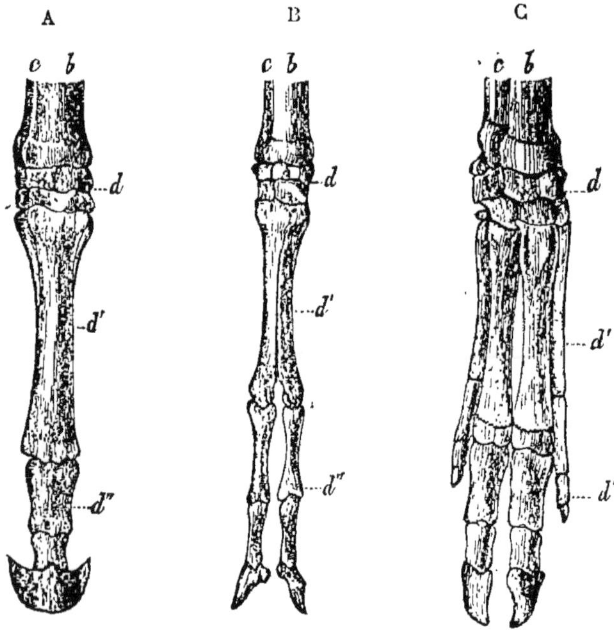

FIG. 43. — Pied de devant des animaux à sabots *.

présentent, au contraire, d'incontestables avec les ruminants (fig. 43).

Ainsi le pied des porcins est fourchu comme celui des ruminants (fig. 43 B et C); ils ont comme eux l'astragale en forme d'osselet (fig. 44 B et C) et leur fémur manque également de la saillie externe dite troisième trochanter, etc. Cependant ils n'ont point les métacarpiens et les métatarsiens principaux réunis en canons,

* A = du *Cheval*; — B = de la *Chèvre*; — C = du *Cochon*.
b) radius; — *c*) cubitus; — *d*) carpe; — *d'*) métacarpe; — *d''*) phalanges.

sauf en partie chez les pécaris. Mais leurs dents sont appropriées à un régime essentiellement omnivore (fig. 42), ce qui ne permet pas de les confondre avec les ruminants, et leur estomac est simple ou peu compliqué ; dans aucun cas, ces animaux ne ruminent.

Les différents genres du sous-ordre des porcins sont principalement répandus dans l'ancien continent. L'Amérique n'en nourrit qu'un seul, celui des pécaris, que l'on voit fréquemment dans nos ménageries.

Il y a au contraire des sangliers en Europe, en Asie et en Afrique. Ils y sont même de différentes espèces.

Les phacochères, animaux particuliers à l'Afrique, sont remarquables par le grand developpement de leurs défenses.

Les babiroussas ne vivent qu'aux îles Moluques.

Les hippopotames sont d'énormes animaux de la division des porcins qui sont propres aux grands fleuves de l'Afrique. Ils s'étendaient autrefois jusqu'en Europe et l'on trouve même en France des ossements et des dents qui leur ont appartenu. Ces fossiles sont enfouis avec ceux qu'ont laissés les éléphants, les rhinocéros tichorhines, les hyènes, les grands ours et les grands félis dans les sédiments de l'époque dite diluvienne ou quaternaire.

CHAPITRE VIII.

ORDRE DES JUMENTÉS.

C'est, comme l'ordre précédent, une partie de l'ancien groupe des pachydermes de G. Cuvier, groupe dont les espèces ont dû être distribuées, à cause de la diversité de leurs caractères, dans trois ordres différents, savoir : les proboscidiens représentés dans la nature actuelle par les éléphants, les jumentés qui nous occupent en ce moment, et les porcins comprenant comme genres principaux les hippopotames et les sangliers.

Les jumentés sont des animaux qui ont les doigts enveloppés dans des onglons ou sabots, mais sans que leurs pieds soient bisulces, même lorsqu'ils ont quatre doigts, Le nombre en est le plus souvent impair et réduit à trois. L'os de leur cuisse ou le fémur présente le long de son bord externe une saillie qui n'existe ni chez les éléphants ni chez les porcins ; cette saillie très-caractéristique a reçu le nom de troisième trochanter. L'astragale, un des os du pied, qui répond à l'osselet des moutons, est de forme ordinaire et par conséquent différent de celui de ces derniers (fig. 44 A).

Les dents des jumentés sont généralement de trois sortes et leurs molaires montrent à la couronne des replis ou des excavations de l'émail plus ou moins multipliées dont la complication est en rapport avec le régime essentiellement végétal de ces animaux. L'estomac des jumentés n'est point disposé pour la rumination.

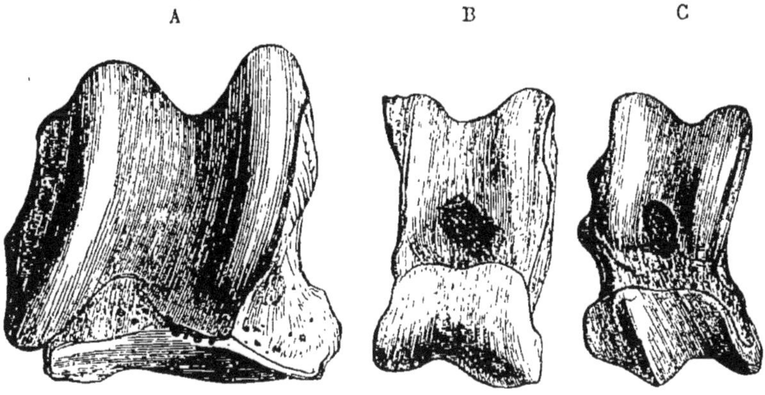

FIG. 44. — Astragale du *Cheval*, du *Mouton* et du *Porc*.

Leurs mamelles ne sont jamais pectorales comme chez les éléphants. Enfin ils ont le cerveau pourvu de circon-

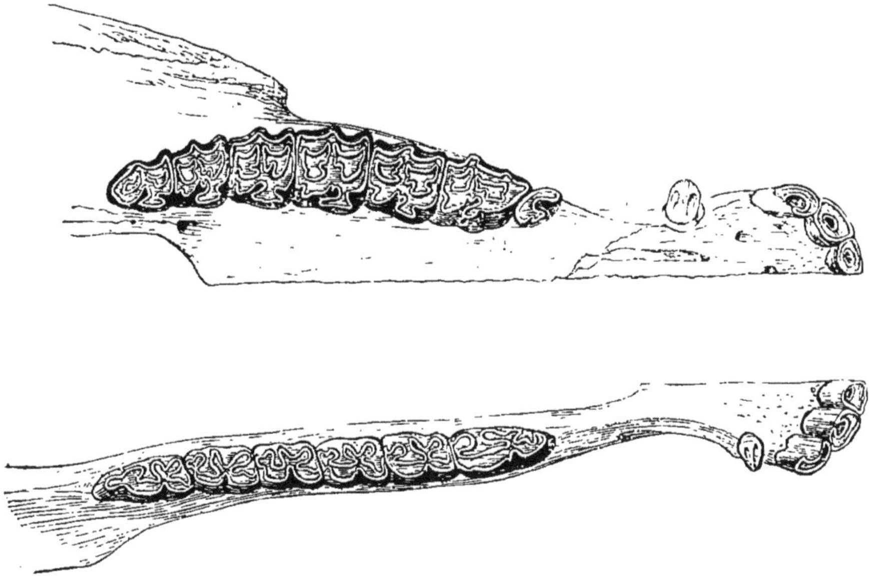

FIG. 45. — Les dents du *Cheval*, vues par la couronne.

volutions et ils comptent parmi les mammifères intelligents, mais sans égaler sous ce rapport ceux du genre que nous venons de citer.

C'est à cet ordre qu'appartiennent les familles suivantes : équidés ou chevaux, tapiridés ou tapirs et rhinocéridés ou rhinocéros. Les damans sont également regardés

FIG. 46. — Les différentes parties du *Cheval*. *

par Cuvier et de Blainville comme étant des animaux du même groupe.

Les CHEVAUX ou équidés, dont font partie le cheval, l'âne, l'hémione et les différentes espèces de zèbres, don-

* *a*) larmier ; — *b*) salière ; — *c*) chanfrein ; — *d*) encolure ; — *e*) toupet ; — *f*) garot ; — *g*) poitrail ; — *h*) reins ; — *i*) coffre ; — *j*) ventre ; — *l*) croupe ; — *m*) bras ; — *m'*) cuisse ; — *n*) avant-bras ; — *n'*) jambe ; — *o*) genou ; — *o'*) jarret ; — *p*) canon ; — *q*) boulet ; — *r*) paturon ; — *s*) couronne ; — *t*) sabot.

nent des hybrides par leur croisement ; le mulet, si employé dans certains pays, résulte de l'union des deux premiers.

Il existait autrefois des chevaux sauvages en très-grand nombre en Europe et l'on a la preuve qu'il en a également vécu dans les deux Amériques. On pense pourtant qu'ils avaient depuis longtemps disparu de nos régions lorsque les peuples de race ariane s'y sont établis, mais il n'y a rien de certain à cet égard.

Nos chevaux domestiques paraissent être, comme les peuples dont il s'agit, originaires de l'Asie ; ils ont été à des époques plus récentes conduits par eux et par d'autres familles humaines sur un grand nombre de points du globe où ils manquaient aux indigènes de ces contrées, et plus récemment ce sont aussi les nations européennes qui les ont transportés en Amérique ainsi qu'en Australie.

La famille des équidés a quelquefois reçu le nom de solipèdes, signifiant solidipèdes ou à pieds solides, par allusion à l'élargissement des sabots chez les espèces qui lui sont propres. Pris dans le sens d'animaux à pieds unidigités, c'est-à-dire à un seul doigt, ce mot ne peut s'appliquer qu'à une partie des équidés. En effet les hipparions et d'autres dont les espèces sont fossiles, étaient tridactyles, c'est-à-dire pourvus de trois doigts à chaque pied.

Les RHINOCÉROS. — Ils sont répandus en Afrique ainsi que dans l'Inde et dans ses principales îles, mais lors de l'époque quaternaire et pendant une grande partie de la période tertiaire ils ont été nombreux en Europe. L'Amérique qui en est aujourd'hui dépourvue en a également possédé, comme le prouvent les fossiles de ce genre trouvés dans les dépôts tertiaires du Nébraska (États-Unis).

Les Rhinocéros ont la peau très-épaisse, plissée par endroits pour faciliter ses mouvements et formant de véritables boucliers qui recouvrent le corps. Leur nez est surmonté d'une ou de deux cornes implantées sur la ligne médiane et qui diffèrent de celles des ruminants en ce qu'elles sont uniquement formées de matière cornée, sans axe osseux intérieur.

Leurs dents canines et incisives n'ont pas la même disposition dans les espèces africaines et dans celles de l'Inde. Elles sont petites et disparaissent de très-bonne heure chez les premières, tandis qu'elles se développent en partie chez les secondes, acquièrent un volume assez considérables et servent pendant toute la vie. Dans ce cas, l'os incisif porte une grosse paire de ces dents et il y en a également une très-forte paire à la mâchoire inférieure, ainsi que des incisives plus petites.

Les rhinocéros sont de grands mammifères que leurs habitudes brutales rendent incapables de toute domestication ; comme les autres jumentés, ils sont herbivores.

Les principales dispositions anatomiques qui les caractérisent se retrouvent dans des animaux à peine plus gros que les lièvres qui vivent en Syrie et dans plusieurs parties de l'Afrique, manquent de cornes et ont le corps couvert de poils. Ces animaux sont les damans, dont il est déjà question dans la Bible sous le nom de *saphan*, nom que les Septante ont traduit à tort par *chœrogrille*, signifiant hérisson, et la Vulgate par *cuniculus* qui veut dire lapin.

Les TAPIRS sont des jumentés remarquables par le prolongement de leur nez sous forme de petite trompe. Il y en a plusieurs espèces, dont une confinée dans la presqu'île de Malacca ainsi que dans les îles de Sumatra et de Bornéo, c'est le tapir indien ; les autres sont propres à l'Amérique méridionale. Le tapir ordinaire et le tapir pinchaque en sont les plus connues.

CHAPITRE IX.

ORDRE DES PROBOSCIDIENS.

Les éléphants, aujourd'hui seuls représentants de ce groupe, sont d'énormes mammifères dont le nez est développé de manière à constituer une longue trompe, à l'aide de laquelle ils saisissent les corps dont ils veulent s'emparer, arrachent les arbres, soulèvent des fardeaux considérables et frappent les ennemis dont ils cherchent à se défaire.

Ces animaux ont deux sortes de dents : des incisives, constituant de longues défenses, et des molaires (fig. 47

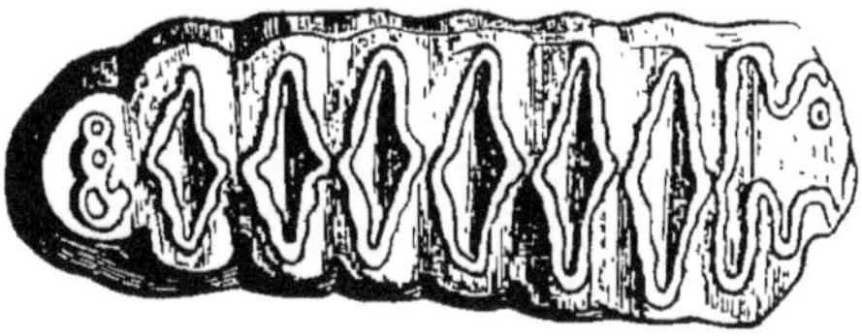

FIG. 47. — Dent molaire d'*Éléphant d'Afrique.*

et 48) appropriées à un régime essentiellement végétal. Leur cerveau présente de nombreuses circonvolutions et ils sont certainement fort intelligents. Leurs mamelles, dont il n'y a qu'une seule paire, sont pectorales ; leurs doigts sont au nombre de cinq à chaque pied ; enfin leurs membres disposés comme des colonnes uniquement affectées à la sustentation du corps et reposant sur le sol par l'extrémité des doigts. Une grosse pelote de tissu fibro-élastique soutient les pieds de ces animaux et empêche leurs doigts de fléchir dans la marche.

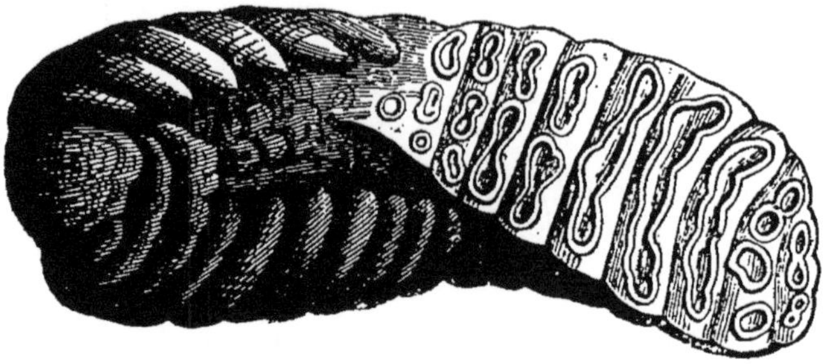

FIG. 48. — Dent molaire d'*Éléphant de l'Inde.*

Il n'y a plus d'éléphants qu'en Afrique et dans l'Inde : ce sont des mammifères herbivores (fig. 49).

Ils sont d'espèce différente, suivant le continent qu'ils habitent et faciles à distinguer par la forme de leur tête, simplement bombée dans l'éléphant africain, doublement dans celui de l'Inde (fig. 49) ; par leurs oreilles, plus grandes dans l'éléphant d'Afrique que dans l'autre ; et par leurs dents molaires qui montrent des losanges d'émail dans l'espèce africaine (fig. 49), et des ellipses allongées à bords festonnés dans celle de l'Inde.

On n'emploie qu'accidentellement les éléphants d'Afrique. Ceux de l'Inde sont seuls domestiques ; encore ne le sont-ils qu'individuellement, puisqu'ils ne reproduisent pas en captivité et qu'il faut prendre sauvages ou tout au moins dans un état de demi-liberté ceux que l'on veut employer et les apprivoiser l'un après l'autre. Quelques auteurs ont pensé que les éléphants de l'Inde constituaient deux espèces, dont une serait particulière à Sumatra ; mais il ne s'agit sans doute ici que d'une simple variété.

Il a existé en Europe, pendant la période quaternaire, des animaux du même genre : on admet qu'ils étaient de plusieurs espèces. Quelques-uns dépassaient considérablement en dimensions les éléphants actuels.

Ces éléphants d'espèces aujourd'hui éteintes s'étendaient jusque dans le nord de l'Asie et dans l'Amérique septentrionale.

Les mastodontes et les dinothériums, dont les espèces ont entièrement disparu du nombre des êtres vivants, sont

FIG. 49. — *Eléphant d'Afrique* et *Éléphant d'Asie.*

deux autres genres d'animaux qui doivent aussi prendre place dans l'ordre des proboscidiens. Leurs ossements, enfouis dans un grand nombre de pays, ont, de même que ceux des éléphants fossiles, été pris pendant longtemps pour des ossements de géants, et ils ont contribué à donner lieu aux légendes, répétées par presque tous les peuples, que le globe a d'abord été habité par

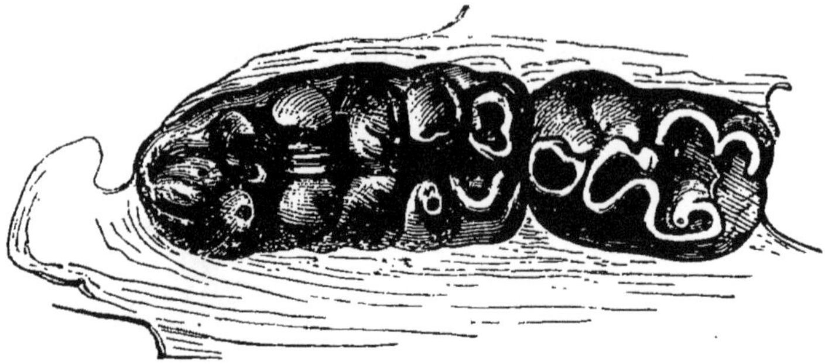

FIG. 50. — Dent molaire de *Mastodonte.*

des hommes d'une grandeur colossale. La mythologie a recueilli une partie de ces fables.

CHAPITRE X.

ORDRES DES CHÉIROPTÈRES, INSECTIVORES ET RONGEURS

ORDRE DES CHÉIROPTÈRES. — On désigne plus communément ces animaux par le nom de chauves-souris. Ils sont en général de petite dimension; cependant quelques-unes de leurs espèces deviennent assez grandes et l'on trouve dans l'archipel Indien des chéiroptères qui ont plus d'un mètre d'envergure; ils appartiennent à la famille des roussettes. On mange leur chair.

Le caractère principal des mammifères de cet ordre réside dans leurs membres de devant, qui sont transformés en ailes par l'allongement des os qui les constituent, et dans la présence entre leurs doigts antérieurs d'une membrane qui s'étend aussi sur les flancs et le plus souvent jusqu'à la queue et aux jambes, qu'elle embrasse. Il en résulte qu'ils sont pourvus non-seulement d'un parachute comparable à celui des galéopithèques, des écureuils volants ou des pétauristes, mais de véritables ailes à l'aide desquelles ils peuvent s'élever dans les airs et s'y mouvoir aussi aisément que le font les oiseaux avec les leurs. Ajoutons à ce caractère la position pectorale des mamelles, et une certaine ressemblance dans d'autres organes avec ce que l'on voit chez les lémures.

Les chéiroptères se nourrissent pour la plupart d'insectes, qu'ils prennent au vol, et sous ce rapport ce sont des animaux utiles à l'agriculture; quelques-uns seulement vivent de fruits. Ceux-ci sont étrangers à nos pays; ce sont les roussettes et certains genres de la famille américaine des phyllostomes ou vampires, auxquels on donne plus particulièrement le nom de sténodermes (fig. 51).

FIG. 51. — Tête de *Vampire* (genre *Phllostome*).

Sauf les plus grosses espèces de la division des roussettes, ces animaux ont le cerveau lisse et sont à peu près dépourvus d'intelligence.

Nous avons en Europe plusieurs espèces de cet ordre, une quinzaine environ, appartenant à différents genres, dont le plus facile à reconnaître est celui des rhinolophes (fig. 52) qui possèdent une feuille nasale. Les autres sont les sérotines, les barbastelles, les noctules, les pipistrelles, les oreillards (fig. 53), les myotis, soit le murin, soit les espèces de moindre taille qui ont la même formule dentaire que lui, etc.

Le nombre des espèces de chéiroptères qui existent dans les autres parties du monde dépasse trois cents. On en connaît jusque dans certaines îles de l'Océanie qui ne possèdent aucune autre sorte de mammifère.

Plusieurs genres de chéiroptères américains sucent le

FIG. 52. — *Rhinolophe petit fer à cheval.*

sang de l'homme et celui des animaux; ce sont eux que l'on désigne souvent par le nom de vampires (fig. 51). Les arti-

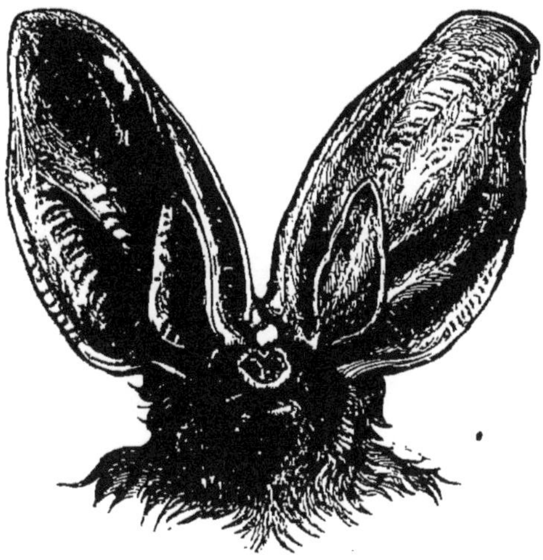

FIG. 53. — Tête de l'*Oreillard.*

bées, les anoures, les phyllostomes, les glossophages, les desmodes, les sténodermes, etc., sont aussi des animaux de cette famille.

Ordre des Insectivores. — Au lieu d'être organisés pour le vol, les mammifères auxquels on réserve en propre le nom d'insectivores sont presque tous des animaux fouisseurs, leurs membres étant, en général, raccourcis et plantigrades.

Cependant les galéopithèques, insectivores particuliers à l'archipel Indien, ont encore des membranes étendues entre les pattes et ils se soutiennent quelque temps en l'air à la manière des écureuils volants. Les macroscélides, qui vivent dans les régions désertes de l'Afrique, sont au contraire des animaux sauteurs, et leurs pieds de derrière sont presque aussi longs que ceux des gerboises, genre de rongeurs qui sautent également avec une extrême agilité.

Les dents molaires des insectivores (fig. 57 et fig 61 à 66) sont habituellement épineuses, ce qui est en rapport avec la nourriture de ces animaux, et se retrouve également chez les chéiroptères dont le régime est analogue.

Tous sont de faible dimension ; et c'est parmi eux que l'on observe les plus petits de tous les mammifères. De ce nombre est la musaraigne étrusque (fig. 54), qui vit en

Fig. 54. — *Musaraigne étrusque.*

Algérie, en Italie et dans le midi de la France. Son corps n'a que trente-cinq millimètres la tête comprise, et sa queue mesure vingt-cinq millimètres seulement. Des musaraignes également fort petites vivent au cap de Bonne-Espérance et dans l'Inde.

Il n'existe pas d'insectivores dans l'Amérique méridionale, si ce n'est dans l'île de Cuba ; mais les régions septentrionales du nouveau monde en possèdent aussi bien que l'Asie, l'Europe et l'Afrique. Ce sont, comme en Europe, des musaraignes et des animaux de la même famille que la taupe, mais ils sont différents pour leurs espèces, quelquefois même par leurs genres des insectivores européens.

Les insectivores propres à l'Europe rentrent dans les genres hérisson, musaraigne et taupe. Il faut y ajouter les desmans, qui sont aquatiques et répandent une forte odeur de musc. On connaît une espèce de desmans en Russie ; une autre plus petite vit dans les Pyrénées ainsi qu'en Espagne (fig. 55).

FIG. 55. — *Desman des Pyrénées.*

Les taupes (fig. 56 à 60), auxquelles on fait une chasse assidue, sont moins nuisibles aux prairies et aux autres cultures qu'on ne le pense, puisque, vivant d'insectes, elles s'opposent à la trop grande multiplication de ces animaux dévastateurs. Aussi quelques naturalistes ont-ils essayé leur réhabilitation, et ils proposeraient volontiers d'encourager leur multiplication.

La conformation des taupes est des plus curieuses. Appelées à vivre presque constamment sous terre, elles ont les yeux fort petits, mais sans être privées pour cela du sens de la vue. Elles manquent d'oreilles externes ; leur

FIG. 56. — Tête de la *Taupe*, vue en dessous.

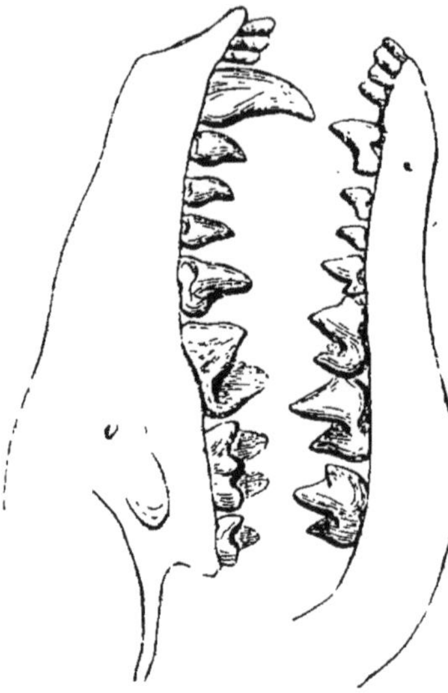

FIG. 57. — Dentition de la *Taupe*.

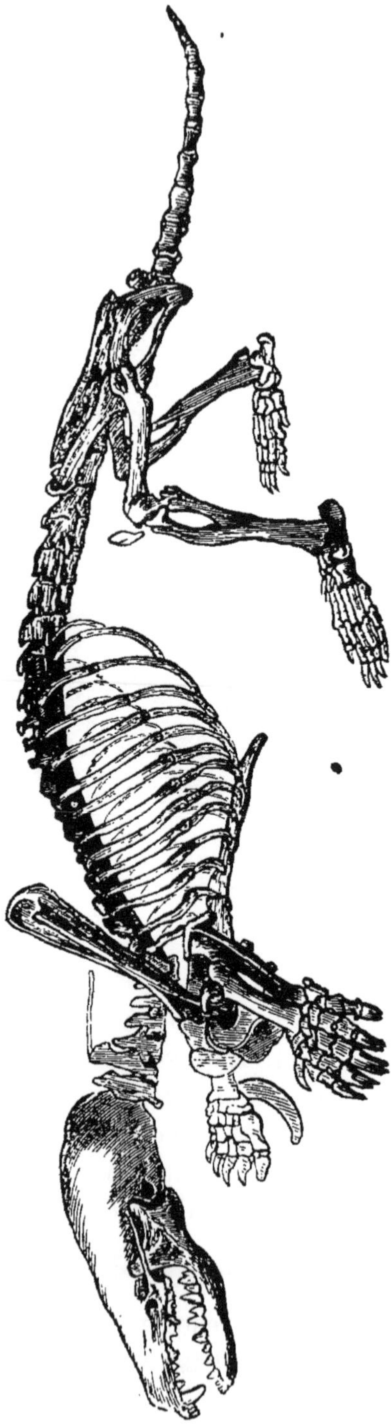

FIG. 58. — Squelette de la *Taupe*.

museau est allongé en forme de groin et leurs membres antérieurs, dont le bras (fig. 59) est court et robuste, constituent de véritables rames (fig. 60 A), à l'aide desquelles elles remuent facilement la terre. Aussi les taupes

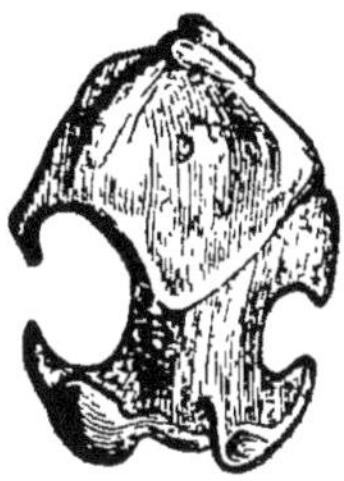

B A

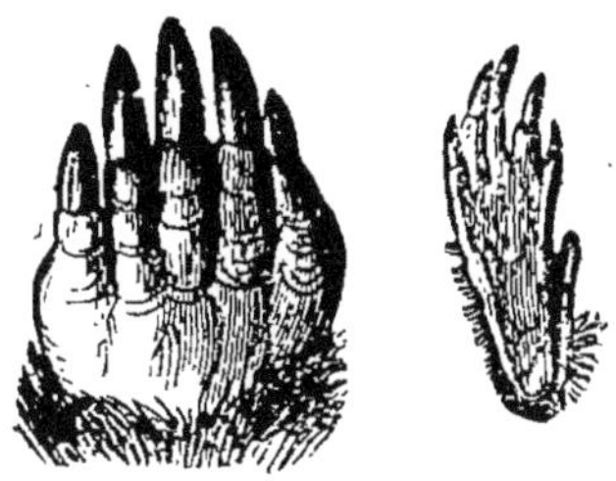

FIG. 59. — Humérus de la *Taupe*. FIG. 60. — Pattes de la *Taupe*. *

construisent-elles des galeries souterraines très-étendues, et elles s'y meuvent avec une grande facilité.

Le squelette des taupes (fig. 58) présente encore quelques particularités non moins singulières que celles dont il vient d'être question, et le reste de l'organisation de ces animaux n'est pas moins curieux à étudier.

Le hérisson mange les insectes, les colimaçons, etc.; sous ce rapport il rend aussi des services. Sa dentition est assez différente de celle des autres espèces du même ordre (fig. 61).

Les musaraignes méritent également d'être protégées à cause de la destruction qu'elles font des insectes, et le préjugé qui les accuse d'occasionner aux chevaux des blessures envenimées ne repose sur aucun fondement.

Nous avons trois espèces principales de ce genre d'animaux :

La musaraigne des sables (*Sorex araneus*) à dents blanches (fig. 62) ;

La musaraigne d'eau (*Sorex fodiens*) (fig. 63);

Et la musaraigne carrelet (*Sorex tetragonurus*) (fig. 64).

Celle-ci a les dents rouges, mais elle possède cinq pe-

* A Patte antérieure. — B Patte postérieure.

tites fausses molaires supérieures : la précédente a les dents de même couleur, mais avec quatre fausses molaires intermédiaires ; quant à la musaraigne des sables,

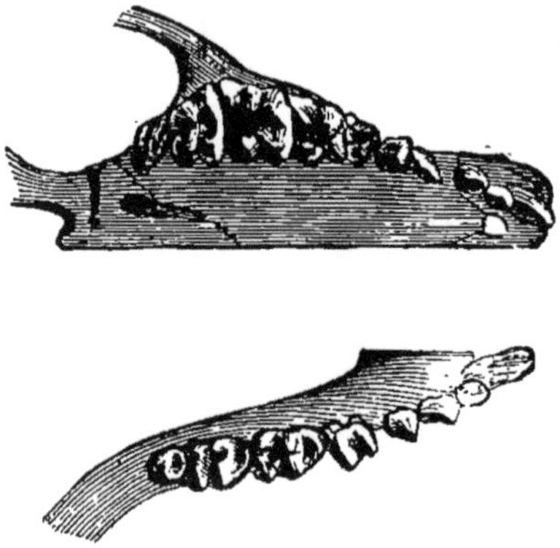

FIG. 61. Dents du *Hérisson*.

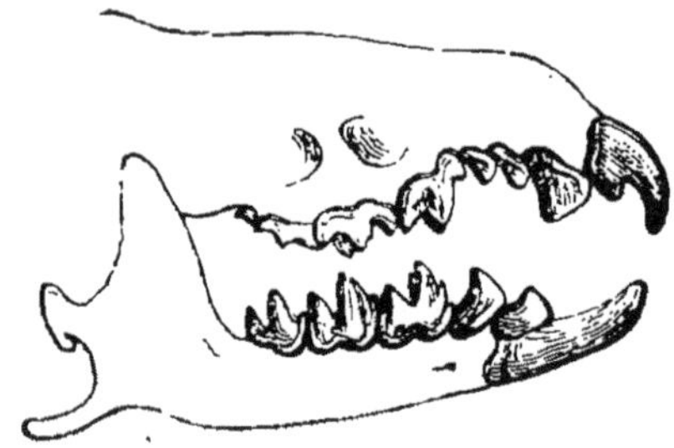

FIG. 62. Dents de la *Musaraigne des sables*

elle n'a que trois paires de ces petites dents supérieures.

Ces caractères dont nous donnons des figures exactes permettront de distinguer aisément ces animaux, qui dif-

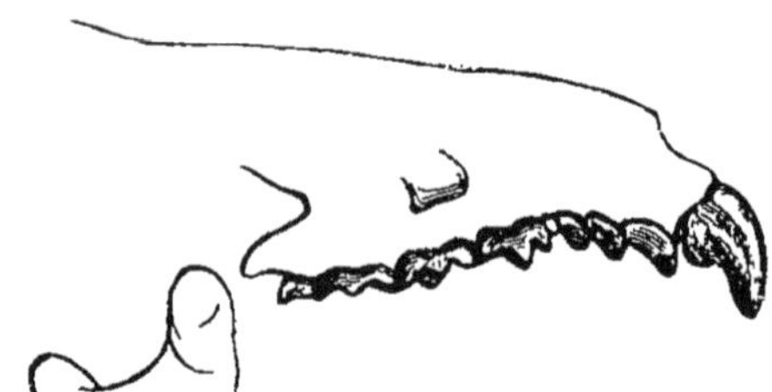

FIG. 63. Dents de la *Musaraigne d'eau*.

FIG. 64. Dent de la *Musaraigne carrelet*.

fèrent d'ailleurs les uns des autres par leur facies et même par leur genre de vie.

ORDRE DES RONGEURS. — Ces animaux n'ont que deux sortes de dents (fig. 65), savoir : une grande paire d'incisives tranchantes à chaque mâchoire, et des molaires en général au nombre de trois ou de quatre paires. Un espace vide, comparable à la barre des chevaux, sépare leurs incisives d'avec les molaires.

Le nombre des genres de cet ordre est fort considérable ; on n'y rapporte pas moins de quatre cents espèces. Tels sont les écureuils, les marmottes, les spermophiles, les écureuils volants, les castors (fig. 67), si célèbres par leurs constructions, les campagnols, dont font partie les ondatras, les rats d'eau et les lemmings ou rats voyageurs de Norvége, les rats, si variés dans leurs espèces, les gerboises ou rats sauteurs, les spalax, qui sont aveugles et vivent sous terre, les bathyergues ou rats-taupes, animaux également

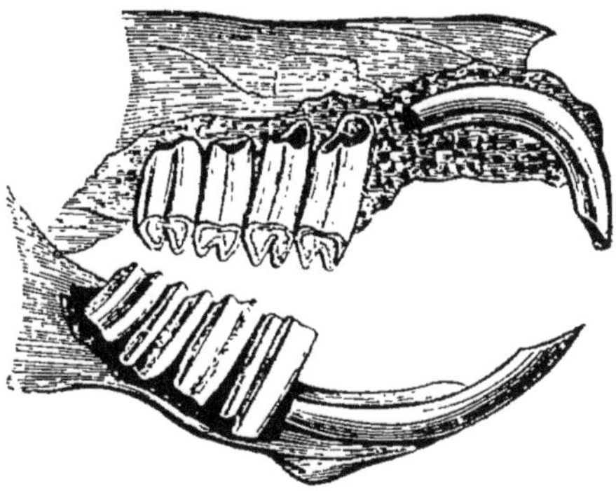

FIG. 65. — Dents du *Cochon d'Inde.*

souterrains, les porcs-épics, les échimys et plusieurs autres propres comme eux à l'Amérique méridionale, enfin les chinchilla, dont la fourrure est si recherchée, les saccomys et autres rats pourvus d'abajoues en forme de sacs, les agoutis, les cobayes ou cochons d'Inde, les pacas et les cabiais ou capivares. Ces derniers sont les plus grands de tous les rongeurs actuels. Sauf les capivares ou grands cabiais, et un très-petit nombre d'autres, les rongeurs ont le cerveau lisse. Ils sont plutôt instinctifs que réellement intelligents.

Le grand rat de nos villes (*Mus decumanus*), aussi appelé surmulot, et le rat noir (*Mus rattus*) ne se sont établis dans l'Europe centrale qu'à une époque récente; les Romains qui ne les connaissaient pas n'ont parlé que de la souris (*Mus musculus*) et du mulot (*Mus campestris*) qui est le rat des champs.

Le rat noir nous est venu d'Orient à l'époque des croisades, et le surmulot n'a commencé à s'établir dans nos contrées que pendant le dix-huitième siècle. Il a pullulé d'une façon vraiment inquiétante et il cause aujourd'hui beaucoup de dégâts. Le commerce l'a répandu dans toutes les parties du monde par ses vaisseaux et il est partout aussi nuisible que chez nous.

Le cochon d'Inde est d'origine américaine ; il a été rapporté du Pérou, où il était déjà domestique avant la conquête espagnole.

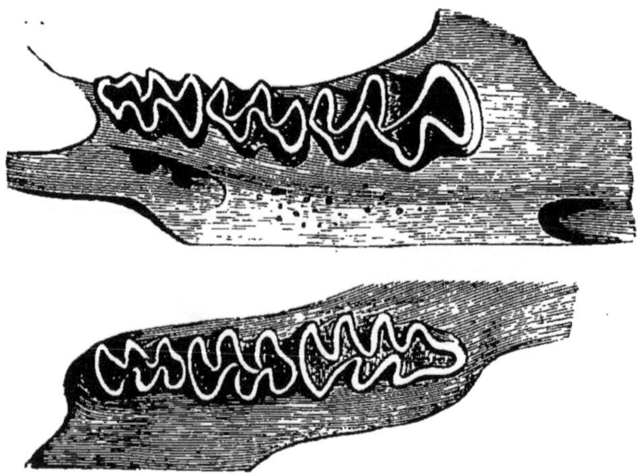

FIG. 66. — Dents molaires de *Campagnol*.

On trouve aux environs de Paris les débris fossiles de ces divers rongeurs associés à ceux des marmottes, des spermophiles, des castors et des hamsters, animaux aujourd'hui étrangers à la même contrée, mais qui pullulaient alors dans une foule de lieux avec certaines autres espèces qui se sont seules maintenues, comme les lérots, les campagnols (fig. 66) et les mulots.

Les castors sont les plus grands des rongeurs européens; on les rencontre aussi dans le nord de l'Asie ainsi que dans l'Amérique septentrionale. Dans cette dernière contrée ils habitent les grands lacs et construisent des habitations qui les ont rendus célèbres (fig. 67). Leur peau est recherchée comme fourrure. Il n'existe plus de castors en France

FIG. 67. — *Castor d'Amérique.*

si ce n'est dans le cours inférieur du Rhône, particulièrement auprès d'Avignon et de Saint-Gilles.

Les marmottes sont reléguées dans les régions les plus élevées des Alpes, et il n'y a de hamsters qu'en Alsace ou plus à l'est.

Quant aux spermophiles qui sont des animaux analogues aux marmottes mais plus petits, c'est en Hongrie et en Pologne ou plus loin encore qu'ils se sont retirés.

LÉPORIDÉS. — Les lièvres et les lapins sont aussi des rongeurs ; ils diffèrent des précédents en ce qu'ils ont, en arrière de leurs incisives supérieures, une paire de dents plus petites et d'une autre forme.

Ce caractère se retrouve chez les lagomys, petites espèces des régions alpines, aujourd'hui étrangères à l'Europe occidentale, mais qui y ont vécu pendant les premiers temps de la période quaternaire. On recueille des ossements fossiles de lagomys en France dans plusieurs localités.

CHAPITRE XI.

ÉDENTÉS.

Tous les édentés ne manquent pas absolument de dents, comme leur nom pourrait le faire supposer; mais, sauf une exception fournie par le tatou encoubert, ils n'ont pas d'incisives, et la partie antérieure de leurs mâchoires est par conséquent dépourvue de ces organes. Du reste, toutes leurs dents sont semblables entre elles, ou à peu près semblables, et pourvues d'une seule racine.

Ces animaux ont d'ailleurs quelque chose d'insolite dans leur conformation générale; ils sont presque tous fouisseurs, et leurs ongles sont très-longs. En outre, ils ont habituellement la langue fort grêle et ils s'en servent pour recueillir leurs aliments, qui consistent, chez beaucoup d'espèces, en insectes, particulièrement en fourmis. Leurs habitudes ne témoignent d'aucune intelligence, et ils sont assez différents les uns des autres pour que l'on soit tenté de les regarder comme constituant plusieurs ordres au lieu d'un seul.

La première famille des édentés est celle des PARESSEUX, comprenant les unaux et les aïs, que Buffon a considérés à tort comme des êtres entièrement disgraciés de la nature. Ils vivent sur les arbres où ils mangent des substances végétales, et tout dans leur structure est approprié à ce mode d'existence.

Auprès d'eux se placent, dans la classification, des animaux de très-grande dimension, propres aussi à l'Amérique, mais dont les espèces ont été anéanties par les dernières révolutions du globe; ce sont les MÉGATHÈRES, comprenant les genres *Megatherium*, *Megalonyx*, *Mylodon*, *Scelidotherium*, etc., qui ont sans doute vécu alors que tant d'animaux gigantesques peuplaient aussi l'Europe, c'est-à-dire pendant la période dite quaternaire.

Les FOURMILIERS sont d'autres mammifères du même ordre; leur principal caractère est de manquer complétement de dents. Ils ont des allures très-bizarres. Les plus grands sont les tamanoirs (fig. 68), qui sont terrestres; les plus petits ou les myrmidons aussi appelés fourmiliers didactyles, sont essentiellement grimpeurs. Un genre intermédiaire est celui des tamanduas.

FIG. 68. — *Fourmilier tamanoir.*

Le nom de fourmiliers par lequel on désigne les animaux de ce groupe fait allusion à leur nourriture, qui consiste essentiellement en fourmis et insectes analogues.

Après eux, viennent les TATOUS (fig. 69), qui habitent également l'Amérique et sont remarquables par la présence d'une espèce de carapace, formée par une multitude de petites pièces osseuses disposées par zones successives, protégeant leur corps.

FIG 69. — *Tatou cachicame.*

Les glyptodons et les chlamydothériums étaient des tatous gigantesques contemporains des mégathères; leur taille approchait de celle des hippopotames, mais ils avaient le corps plus ramassé.

Les autres édentés connus sont étrangers à l'Amérique. Ce sont les ORYCTÉROPES, animaux d'assez forte dimension que l'on voit dans l'Afrique intertropicale et au Cap de Bonne-Espérance, ainsi que les PANGOLINS, propres à l'Afrique et à l'Inde.

CHAPITRE XII.

MAMMIFÈRES MARINS.

Ces animaux, étant destinés à un autre genre de vie que ceux dont nous venons de nous occuper, ont une organisation notablement différente de la leur. Leur corps est allongé et comme en fuseau; leurs pieds sont courts, empêtrés et disposés en forme de nageoires. Tous sont intelligents et leur cerveau est pourvu de nombreuses circonvolutions. En tenant compte du nombre de leurs membres, de la disposition de leurs dents et de plusieurs autres de leurs caractères, on les partage nettement en trois groupes ou ordres, dont il va être successivement question sous les noms de *phoques*, *sirénides* et *cétacés*.

ORDRE XI. PHOQUES. — Les phoques sont pourvus de quatre membres et ils ont des ongles à tous les doigts; mais ces membres sont courts et comme empêtrés, la partie terminale en est disposée en nageoire; leur corps qui est fusiforme jouit d'une grande souplesse, ce qui facilite encore leurs mouvements de natation. Ces animaux ont avec les Loutres des affinités incontestables, et quelques auteurs les placent auprès d'elles à la suite des carnivores.

Les phoques sont entièrement couverts de poils. Ils ont les machoires armées de trois sortes de dents : des incisives, des canines et des molaires (fig. 70).

Les espèces de ce groupe sont répandues sur tous les

points de l'Océan, fréquentant de préférence le littoral des continents et des archipels.

Elles exécutent rarement des voyages dans la haute

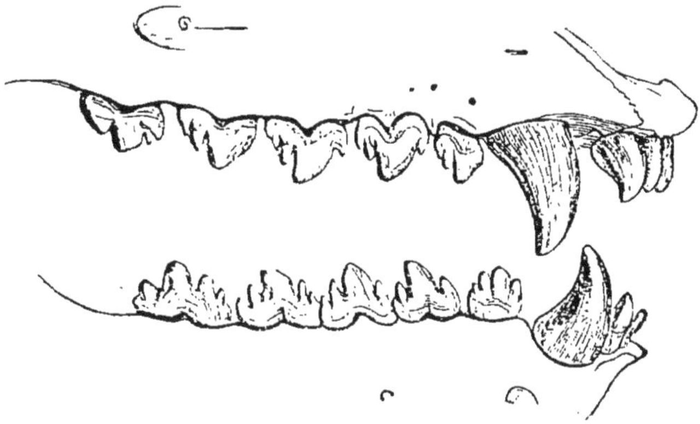

FIG. 70. — Dentition du *Phoque*.

mer. Cependant tous les phoques nagent avec une extrême facilité, et ils plongent également bien, la disposition de leur système veineux leur permettant de rester assez long-

FIG. 71. — *Phoque marbré*.

temps sous l'eau. Ce sont des animaux remarquables par leur intelligence et qui vivent par troupes là où l'homme ne gêne pas leur développement. On s'est souvent demandé s'ils ne seraient pas susceptibles d'être rendus domestiques ; mais aucun essai n'a encore été tenté à cet égard. Leur alimentation consiste en poissons, en mollusques, en crabes et animaux marins de diverses autres sortes, et leurs dents sont souvent lobées à la couronne.

Ils viennent fréquemment à terre, mais ils y sont assez embarrassés dans leur mouvements. Les otaries ou phoques à oreilles marchent cependant mieux que les autres ; on les trouve dans l'Atlantique austral et dans presque tout le Pacifique.

Sur les côtes de l'Europe tempérée se voient plusieurs sortes de phoques ; elles sont de trois genres différents, savoir : les phoques ordinaires (fig. 71) (genre callocéphale), dont nous avons plusieurs espèces sur l'Océan et dans la Manche ; le stemmatope ou phoque à capuchon, que l'on n'a encore pris qu'une seule fois dans les eaux françaises, à l'île d'Oléron, et le phoque moine, du genre pélage, qui ne vit que dans la Méditerranée.

La peau des phoques sert à différents usages.

ORDRE XII. SIRÉNIDES. — Ces animaux n'ont que des membres antérieurs. Leurs doigts ne se distinguent pas à l'extérieur, étant réunis sous la peau pour former une rame natatoire ; cependant les ongles persistent dans les lamantins. Le corps des sirénides se prolonge en arrière en une queue ayant un volume aussi considérable que celle des poissons, mais dont la nageoire terminale est horizontale au lieu d'être verticale, comme chez ces animaux. Les sirénides n'ont que deux sortes de dents : des incisives et des molaires. Leurs mamelles sont pectorales (fig. 72).

On a comparé ces animaux, soit à des proboscidiens, soit à des porcins qui seraient organisés pour vivre exclusivement dans l'eau ; ils offrent en effet dans leur conformation générale un certain nombre de particularités qu'on ne retrouve guère que chez ces animaux.

Les sirénides actuellement vivants ne forment que trois genres, qui sont connus sous les noms de lamantin, rhytine et dugong ; tous trois sont étrangers aux mers de l'Europe. Le genre éteint des halithériums les a représentés dans

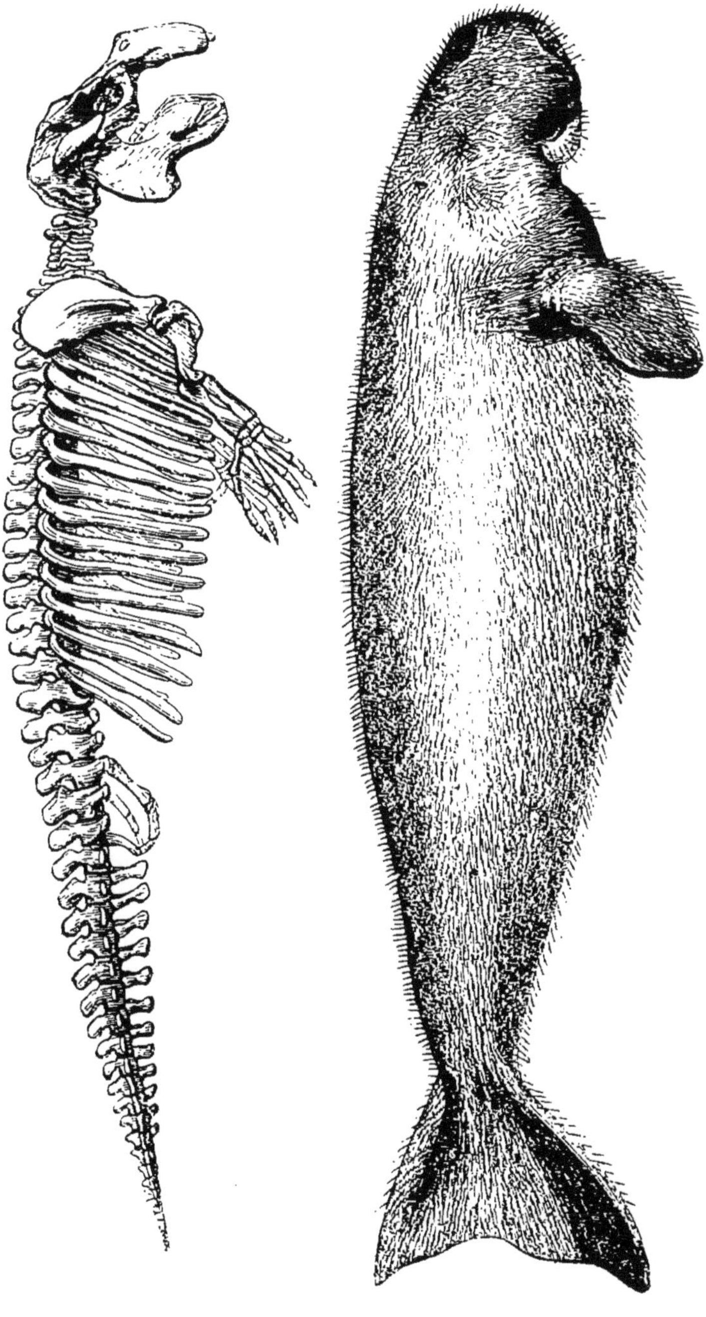

FIG. 72. — *Dugong* et son squelette.

nos régions durant la période tertiaire. Les mers avaient alors une autre circonscription que celle qu'elles ont actuellement et elles nourrissaient aussi des animaux différents.

ORDRE XIII. CÉTACÉS. — L'organisation des cétacés est encore plus complétement appropriée à la vie aquatique que celle des phoques ou même des sirénides. Ces animaux n'ont qu'une seule paire de membres, les antérieurs, dont la forme est celle de véritables rames, et qui sont toujours dépourvues d'ongles. La plupart ont sur le dos une troisième nageoire simplement cutanée, et leur forte queue est terminée par un élargissement également cutané qui forme une sorte de gouvernail caudal comparable à la queue des poissons, mais disposé transversalement comme celle des sirénides. Leurs dents sont d'une seule sorte et toujours à une seule racine. Leurs mamelles sont placées auprès de l'anus.

Les cétacés ne sortent jamais de l'eau ; ils y prennent leur nourriture, y élèvent leurs petits et y exécutent tous leurs mouvements. Obligés de venir à la surface pour respirer l'air, il ont les narines disposées de telle manière qu'ils peuvent ouvrir la gueule, lorsqu'ils saisissent leur nourriture, sans s'exposer à introduire de l'eau dans leurs voies aériennes. Chez ces animaux, le voile du palais sépare nettement la bouche de la cavité pharyngienne, et il ne se relève que quand la bouche elle-même est tout à fait débarassée de l'eau qui s'y était introduite avec les aliments, ou que le larynx, susceptible, à son tour, de se déplacer de bas en haut, s'est logé comme un tube dans les arrière-narines. Les narines des cétacés, à cause de leur contact continuel avec le liquide dans lequel ces animaux sont plongés, sont d'ailleurs peu favorables à l'odorat, et les lobes antérieurs du cerveau ou lobes olfactifs manquent même chez beaucoup de ces mammifères, ou, lorsqu'ils existent, ils restent tout à fait rudimentaires. Les baleines ont, cependant, de véritables lobes olfactifs.

C'est parmi les cétacés que prennent rang les animaux

les plus grands de la création, tels que les cachalots et les baleines. Ils se nourrissent de substances animales, et, chose remarquable, ce sont souvent de très-petites. espèces, soit mollusques, soit crustacés pélagiens, qu constituent leur principal aliment. Ils est vrai qu'ils les trouvent réunis par bancs et que par cela même ils peuvent s'en procurer, en peu d'instants, des quantités considérables.

Les cétacés sont des mammifères essentiellement marins, mais tous ne sont pourtant pas dans ce cas. Il existe dans l'Amazone et dans les principaux affluents de cet immense fleuve, plusieurs espèces de dauphins qui ne vont jamais à la mer ; tels sont l'inie et des dauphins moins différents du dauphin ordinaire.

Les cachalots, gigantesques animaux dont nous tirons de l'huile, du spermacéti ou blanc de baleine, de l'ivoire et des os d'une consistance presque égale à celle de l'ivoire lui-même, forment un premier genre de cétacés. Auprès d'eux se placent les hyperoodons et les ziphius qui leur ressemblent assez, et ont de même le dessus du crâne chargé d'une quantité considérable de la substance appelée blanc de baleine.

L'hyperoodon, la plus grosse espèce de ce second groupe, échoue quelquefois sur nos côtes de la Manche ; il est plus commun dans les mers du Nord. Les ziphius, qu'on a cru pendant longtemps constituer un genre éteint, vivent dans la Méditerranée, dans l'Atlantique et dans la mer des Indes. Ils ne se montrent qu'accidentellement dans nos parages.

Viennent ensuite les dauphins (fig. 73), animaux nombreux en espèces et dont la taille offre de grandes différences. Elle varie depuis celle des orques et des globiceps, qui n'ont pas moins de dix à quinze mètres de long, jusqu'à celle des marsouins, qui dépassent à peine un mètre. Tous ces cétacés ont des dents et forment, avec les cachalots et les ziphius, un premier sous-ordre auquel on donne le nom de *cétodontes*.

Leur espèce la plus connue est le dauphin proprement dit ou dauphin vulgaire (fig. 73), qui visite tout notre littoral, soit dans l'Océan, soit dans la Méditerranée.

Les dauphins vivent en général de poissons, et leur estomac est multiloculaire. Certains de ces animaux sont d'une voracité extrême; ils dévastent les parages qu'ils

FIG. 73. — *Dauphin vulgaire.*

fréquentent et nuisent beaucoup aux pêcheurs dont ils saccagent les filets. Ils en est d'autres, comme les orques ou épaulards, qui mangent des phoques et des marsouins, dont ils font une grande consommation. Ces orques sont des animaux extrêmement redoutables.

Nous citerons encore comme appartenant à la même division le narval des mers polaires, qui est armé d'une très-longue dent antérieure fort recherchée comme ivoire c'est la licorne de mer.

Une autre catégorie de cétacés comprend les - lénidés ou *cétacés à fanons*, appelés aussi *mysticètes*, auxquels on fait la chasse pour se procurer la matière huileuse dont leur corps est abondamment pourvu, ainsi que leurs fanons, c'est-à-dire les grandes lames cornées qui sont placées dans leur bouche et leur servent comme de nasse pour retenir les myriades d'animalcules destinés à leur alimentation.

Les baleines proprement dites (fig. 74) sont celles qui ont les plus grands fanons et dont le corps fournit le plus d'huile ; ce sont aussi celles que l'on poursuit de préférence ; mais l'espèce particulière aux parages du Nord, et dont la pêche a donné pendant longtemps d'excellents résultats, est devenue fort rare de nos jours. Cependant, en 1697, les Hollandais en capturèrent à eux seuls douze cent cinquante-deux individus, et les Hambourgeois, réunis aux Brémois, six cent trente-quatre. En 1736, il en fut pris huit cent cinquante-sept exemplaires par les baleiniers

FIG. 74. — *Baleine franche.*

hollandais, dont les navires consacrés à cette pêche s'élevaient au chiffre de cent quatre-vingt-onze ; mais en 1771, la marine hollandaise ne prit plus que cinq cents baleines, quoique le nombre de ses navires armés pour cette pêche eût été porté à deux cent cinquante-quatre. Depuis lors, les produits ont continué à diminuer, et les armements pour le Nord ont cessé, les baleiniers ayant été forcés de se diriger vers le Sud, et bientôt après de poursuivre ces grands cétacés jusque dans les régions septentrionales du Pacifique ; ce qui a donné aux Américains un grand avantage sur les Européens.

Les baleines qui habitent ces parages sont spécifiquement différentes de celles du Spitzberg et du Groënland, c'est-à-dire des baleines franches; les naturalistes les décrivent sous les noms de baleine australe, baleine des antipodes et baleine du Japon.

Au douzième siècle les Basques pêchaient des baleines dans le golfe de Gasgogne et à l'entrée de la Manche; mais ce n'étaient pas des baleines franches. Elles étaient d'une forme un peu différente de ces dernières et se distinguaient à la fois des baleines du Nord ainsi que des baleines australes. L'espèce en est devenue si rare dans les mêmes parages qu'on l'y connaît à peine de nos jours. C'est au naturaliste danois Eschricht que l'on doit d'en avoir rétabli les caractères. Il lui a donné le nom de baleine de Biscaye.

Les rorquals, au genre desquels appartiennent la plupart des mysticètes que l'on prend de temps en temps sur nos côtes, ont les fanons plus courts que les vraies baleines, et la panne graisseuse moins épaisse ; aussi ne sont-ils pas recherchés et dans la plupart des cas on se borne à utiliser les exemplaires que la mer a rejetés.

On reconnaît extérieurement ces cétacés à leur corps plus effilé que celui des vraies baleines et à leur plus grande agilité ; leur gorge et leur ventre sont comme cannelés. Quelques-uns ont les nageoires plus longues que les autres, et sont plus agiles encore ; on les désigne par les noms de mégaptères, longimanes, etc. Les autres sont les vrais rorquals, les sibbaldus et les baleinoptères.

CHAPITRE XIII.

MARSUPIAUX.

La deuxième sous-classe des mammifères est celle des marsupiaux ou didelphes, animaux terrestres très-différents entre eux par leur forme extérieure ; ayant des modes de locomotion également très-divers ; étant les uns carnivores, les autres insectivores, frugivores ou herbivores ; mais qui tous ont une double gestation l'une à l'intérieur du corps de la femelle, l'autre dans la poche où sont placées ses mamelles. Ces animaux présentent d'ailleurs certains caractères communs qui permettent de les distinguer des monodelphes ou mammifères de la première sous-classe.

Parlons d'abord de la particulière singularité de leur double gestation. Chez tous les marsupiaux, le petit, après s'être formé au moyen de l'ovule ou petit œuf fourni par les ovaires, ne séjourne que très-peu de temps dans le corps de sa mère. Il est mis au monde prématurément et dans un état de débilité telle qu'il ne tarderait pas à périr si la mère ne le recueillait dans la poche enveloppant ses mamelles, ou dans le repli cutané qui chez d'autres espèces protége ces organes. Dans des marsupiaux presque aussi forts que le chat, le petit qui vient de naître n'est guère plus gros qu'un grain de café (fig. 75) ;

son corps est entièrement nu, et il n'a encore aucune force. Quand sa mère l'a attaché à ses mamelles, il y reste fixé jusqu'à ce qu'il ait atteint le développement qui caractérise les monodelphes au moment de leur naissance. Alors il peut quitter le mamelon ou le reprendre à volonté ; il avance de temps en temps sa tête jusqu'à l'ouverture de la poche (fig. 80) ; quitte même momentanément cette dernière comme le petit mammifère ou le jeune oiseau quittent leur nid, mais pour revenir bientôt y chercher un abri si le moindre danger le menace.

FIG. 75. — *Petite Sarigue*

Les marsupiaux portent au devant du bassin deux os manquant aux mammifères de la première sous-classe, et qu'on nomme les *os marsupiaux* (fig. 76). C'est là un caractère également important dans la définition de ces animaux.

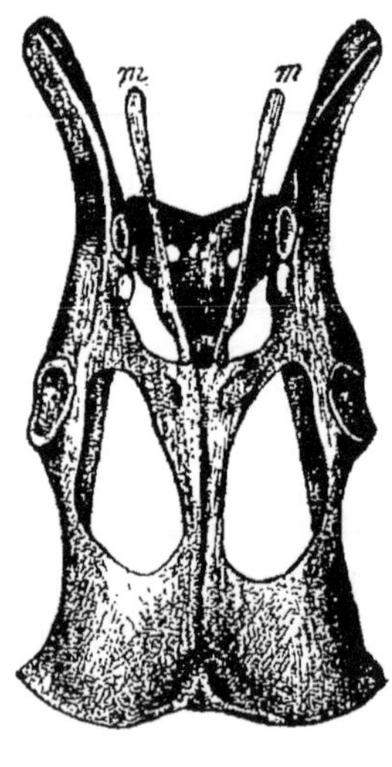

FIG. 76. — Bassin de *Kanguron*, montrant les os marsupiaux, *mm*.

Sauf les sarigues, qui habitent l'Amérique, toutes les espèces de marsupiaux sont propres à l'Australie et aux terres qui s'en rapprochent le plus, comme la Nouvelle-Guinée ou les îles Moluques. Il n'y en a aucune sur le continent asiatique, et l'Europe ainsi que l'Afrique en manquent également.

En Australie ces animaux constituent à eux seuls une grande partie de la population mammifere, et ils sont, comme nous l'avons déjà dit, de forme, de taille et de régimes assez variés pour qu'on puisse soutenir l'opinion qu'ils constituent plusieurs ordres répondant chacun à l'un des principaux groupes de mammiferes monodelphes.

Avec eux existent seulement, en fait de mammifères, quelques chéiroptères, parmi lesquels il importe de signaler de véritables roussettes, des rongeurs appartenant tous à la famille des rats et formant les genres hapalotis et hydromys, enfin les monotrèmes, c'est-à-dire les deux genres ornithorhynque et échidné.

FIG. 77. — *Phascolome wombat.*

Ce fait est un des plus curieux et des plus inattendus pour la géographie zoologique.

Les phalangers ont une analogie apparente avec les lémures ou makis, et il y a parmi eux des espèces qui ont sur les flancs des membranes analogues à celles des écureuils volants; ces espèces sont les pétauristes. Les koalas ou phascolarctes appartiennent au même groupe de la sous-classe des marsupiaux, mais ils manquent de queue.

Les phascolomes ou wombats (fig. 77) rappellent les rongeurs par leur dentition; ce sont pour ainsi dire des rongeurs marsupiaux. On en connaît plusieurs espèces. Ces animaux sont lourds, leur régime est herbivore et leur chair est bonne à manger. On espère les acclimater en Europe.

Le thylacyne (fig. 78) au contraire est un carnassier de la taille du loup, et il en a les mœurs. C'est un animal dangereux.

FIG. 78. — *Thylacyne.*

Le sarcophile ourson rappelle le glouton; il est si féroce que les colons anglais de l'Australie lui donnent le nom de diable (*devil*).

Les dasyures, ainsi que certains genres voisins, parmi lesquels il faut citer les phascogales, sont tout à fait comparables aux genettes, aux martres ou aux belettes de nos pays. Ils rentrent dans la même famille que le sarcophile et le thylacine (fig. 79).

Les antéchines sont aussi de la famille des dasyuridés, mais leurs dimensions sont encore moindres que celles des vrais dasyures.

Ajoutons que les myrmécobies et d'autres marsupiaux

FIG. 79. — *Dasyure de Maugé.*

australiens qui sont aussi de petite taille, exercent au milieu de cette faune le même rôle que les insectivores dans la nôtre. Parmi ces derniers, on peut citer les péramèles, et le genre également particulier des tarsipèdes, qui sont des animaux à peu près grands comme les souris, vivant auprès de la rivière des Cygnes.

Enfin viennent les kangurous, dont quelques espèces atteignent de grandes dimensions (fig. 80), tandis que d'autres sont moins fortes ou même plus petites encore (fig. 81).

Les kangurous ont des habitudes et des appétits très-peu différents de ceux des ruminants, mais sans être pour cela doués, comme eux, de la propriété de ruminer.

FIG. 80. — *Kangurou geant.*

Ces animaux forment une famille bien distincte dans laquelle on a établi plusieurs genres. Il existe entre leurs membres antérieurs et les postérieurs une disproportion considérable, aussi sautent-ils avec une grande facilité et ils avancent ainsi très-rapidement ; mais ils sont lents lorsqu'ils marchent à quatre pattes et dans ce dernier cas ils s'appuient sur leur longue queue autant que sur leurs pattes de devant.

Les kangourous sont tous des animaux d'un naturel doux et craintif; leur acclimatation, déjà en partie accomplie,

FIG. 81. — *Kangurou rat.*

serait une conquête avantageuse, car on peut utiliser leur fourrure, et leur chair est excellente; répandus dans nos forêts, ils constitueraient un nouveau gibier.

Les SARIGUES ou marsupiaux américains sont bien différentes des animaux de la même sous classe qui vivent en Australie. On les trouve depuis les États-Unis jusqu'à la Plata et au Chili. Ce sont des mammifères insectivores dont une espèce approche du chat par la taille. Les autres sont de moindre dimension et il en est qui sont à peine plus grosses que la souris.

Le chironecte oyapoc est une espèce de sarigue vivant dans l'eau (fig. 82).

Ces animaux manquent d'intelligence et sont pour la plupart nocturnes. Presque tous ont la bourse abdominale

FIG. 82. — *Sarigue.*

bien formée, cependant il en est chez lesquels la gestation mammaire n'est protégée que par un simple repli bilatéral de la peau du ventre ; on a donné à ces derniers le nom de micourés.

CHAPITRE XIV.

MONOTRÈMES.

La troisième sous-classe des mammifères est encore moins riche en espèces que la seconde, qui l'est elle-même beaucoup moins que la première. Elle ne comprend que les deux genres échidné et ornithorhynque, l'un et l'autre propres à la Nouvelle-Hollande et connus depuis la fin du dernier siècle seulement.

Ce sont des animaux d'assez faible taille, dont les premiers, ou les ÉCHIDNÉS, joignent à l'absence de dents, caractère que nous avons déjà constaté chez les fourmiliers, la singulière particularité d'avoir le corps recouvert de poils mêlés d'un grand nombre de piquants intermédiaires par leurs dimensions à ceux des hérissons et des porcs-épics. Le naturaliste anglais Shaw, qui les a d'abord signalés, les avait pris pour des animaux du même genre que les fourmiliers.

Quant aux ORNITHORHYNQUES (fig. 83), ils ont été décrits à peu près en même temps par Shaw et par Blumenbach, savant professeur de Gœtingue qui en avait reçu un exemplaire de sir Joseph Bancks, l'un des compagnons du capitaine Cook. Shaw en fit le genre *Platypus*, mais c'est par le nom d'*Ornithorhynchus*, que leur donna Blumenbach, que ces curieux quadrupèdes ont continué à être désignés. Ce nom signifie bec d'oiseau, les ornithorhynques ayant en effet, au lieu de lèvres molles, un bec corné aplati, jusqu'à un certain point comparable à celui du canard, mais plus souple sur les bords. Ces animaux sont aquatiques et leurs pieds sont palmés, plus particulièrement ceux de devant.

Fig. 83. — *Ornithorhynque.*

L'échidné (fig. 84) vit au contraire dans les endroits sablonneux, et il a les pieds armés d'ongles puissants très-propres à fouir, ce qui rappelle assez bien les édentés.

Ces caractères n'auraient donc pas suffi pour faire éloigner l'ornithorhynque et l'échidné des édentés auxquels on les avait d'abord associés, et auxquels ils ressemblent d'ailleurs par plusieurs autres particularités. Aussi G. Cuvier et Geoffroy Saint-Hilaire en firent-ils une famille de cet ordre qu'ils appelèrent la famille des monotrèmes. C'est ainsi que les marsupiaux avaient d'abord été associés aux carnassiers par les mêmes auteurs ; mais une étude plus attentive des monotrèmes, étude entreprise primitivement

FIG. 84. — *Échidné.*

par l'anatomiste anglais Everard Home, et continuée depuis lors par de Blainville, par Meckel, anatomiste allemand, par M. Owen, etc., devait montrer que ce sont des êtres bien plus rapprochés des ovipares que ne le sont les édentés véritables.

L'observation avait déjà appris que les deux genres dont il s'agit n'ont l'un et l'autre qu'un seul orifice pour les organes de la défécation et pour les organes génito-urinaires, et qu'il y a, par conséquent, chez eux un cloaque véritable comme chez les ovipares de la classe des oiseaux ou de celle des reptiles. C'est même ce qui avait conduit à désigner le groupe qui réunit les deux genres australiens qui nous occupent par le nom de monotrèmes, rappelant que ces animaux n'ont qu'un seul orifice terminal.

Les organes intérieurs qui aboutissent à cet orifice commun, plus particulièrement les oviductes des femelles, ont aussi une plus grande analogie avec ceux des ovipares que cela n'est habituel aux mammifères ; et, bien que ces animaux ne pondent pas d'œufs à la manière des oiseaux ou des reptiles, ce que l'on avait cependant cru pendant quelque temps, ils ont des ovules beaucoup plus gros que ceux des autres mammifères et pourvus d'un vitellus considérable, ce qui indique un mode de reproduction moins franchement vivipare que chez les monodelphes et se trouve en rapport avec l'absence de placenta qui caractérise également leur fœtus.

Le squelette de ces mammifères présente aussi une particularité caractéristique des vertébrés ovipares. L'épaule y est formée de chaque côté par trois paires d'os différents : une omoplate, une clavicule et un os coracoïdien (fig. 85). On sait que les os coracoïdiens manquent aux mammifères monodelphes et aux marsupiaux, mais que leur présence est constante chez les oiseaux et fréquente chez les reptiles.

En outre, les monotrèmes possèdent des os marsupiaux comme les didelphes. Les échidnés ont même une sorte de poche marsupiale qui entoure séparément chaque mamelle et reste rudimentaire. Leur gestation est donc en partie extérieure à la manière de celle de ces animaux ; elle est en même temps plus semblable, en ce qui concerne sa première phase, c'est-à-dire sa phase intérieure, à celle des vipères et autres ovo-vivipares à sang froid qu'à celle des mammifères placentaires ou mammifères ordinaires.

Ainsi voilà des animaux qui, tout en restant mammifères par leurs principaux caractères et en ayant, comme les vertébrés de cette classe, des mamelles et le corps

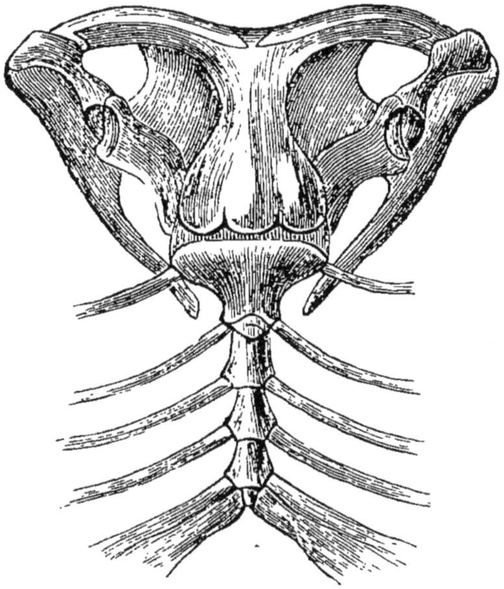

FIG. 85. — Épaule et sternum de l'*Ornithorhynque*.

couvert de poils, forment à certains égards une transition évidente des mammifères vers les classes suivantes. C'est avec les reptiles sauriens qu'ils ont le plus d'affinités sous ce rapport.

Une particularité également digne d'être notée est la présence chez l'échidné et l'ornithorhynque d'ergots cornés propres aux mâles de ces animaux et auxquels aboutit le canal d'une glande particulière placée sous la peau de eur cuisse.

CHAPITRE XV.

RÉSUMÉ DE LA CLASSIFICATION DES MAMMIFÈRES.

Nous avons vu que la distribution méthodique de la classe des mammifères, telle que Cuvier l'avait établie, avait dû être modifiée. Une première grande division de ces animaux, à laquelle on a donné la valeur d'une sous-classe, comprend tous ceux dont les petits sont en naissant capables de prendre alternativement le mamelon pour teter et de le quitter; avant de naître ils étaient pourvus d'un placenta, et c'est par cet organe qu'ils tiraient des entrailles de leur mère le sang nécessaire à leur développement. C'est ce qui les a fait appeler *monodelphes*, et, en effet, ils n'ont qu'une seule gestation, laquelle est toujours intérieure. Ils ont aussi été nommés *placentaires*, par allusion au placenta, appareil vasculaire accessoire dont ils sont pourvus pendant la vie intra-utérine. Nous avons déjà rappelé ces dénominations dans le tableau consacré à la classification des mammifères envisagés dans leur ensemble*.

Cette première catégorie d'animaux à mamelles est incomparablement la plus nombreuse, et l'on y distingue

* Voir ce tableau, p. 49.

deux groupes renfermant l'un les mammifères monodelphes qui sont essentiellement marcheurs et terrestres, l'autre ceux qui sont aptes à la natation et vivent dans les eaux de la mer.

Les mammifères monodelphes terrestres ont des dents de trois sortes ou de deux sortes, et ils sont ou onguiculés, c'est-à-dire pourvus d'ongles, ou ongulés, c'est-à-dire pourvus de sabots.

Dans le premier de ces deux cas, ils sont *Quadrumanes*, *Chéiroptères*, *Insectivores*, *Rongeurs* ou *Carnivores;* dans le second cas, ce sont des *Proboscidiens*, des *Jumentés*, des *Ruminants* ou des *Porcins*. S'ils n'ont qu'une seule sorte de dents, ce sont des *Édentés*.

Les mammifères monodelphes marins sont les *Phoques*, qui ont quatre membres visibles extérieurement, les *Sirénides*, pourvus de membres antérieurs seulement, et les *Cétacés*, auxquels on ne voit aussi que deux membres, ceux de devant, également transformés en rames natatoires.

Les monodelphes marins semblent se rattacher, comme modification appropriée à la vie aquatique, aux trois groupes terrestres des Carnivores, des Porcins et des Édentés. Les phoques rappellent les carnivores ; les sirénides ressemblent aux proboscidiens par plusieurs de leurs caractères anatomiques, et les cétacés ont été considérés avec raison comme ayant de réelles affinités avec les édentés.

La seconde sous-classe comprend les marsupiaux ou didelphes, dont les femelles ont, indépendamment de la gestation intérieure, la seule que possèdent les mammifères précédents, une gestation supplémentaire, qui se passe dans la poche abdominale entourant les mamelles.

Ces mammifères marsupiaux sont, les uns, particuliers à l'Amérique et constituent alors la famille des sarigues ; les autres confinés dans les terres australes, particulièrement à la Nouvelle-Hollande. Ces derniers forment plusieurs groupes distincts.

La troisième sous-classe est celle des monotrèmes ou

ornithodelphes, que leur mode de reproduction et plusieurs particularités anatomiques importantes rapprochent des vertébrés ovipares. Ils forment les deux groupes des Échidnés et des Ornithorhynques, ne renfermant l'un et l'autre qu'un seul genre. Ces animaux sont exclusivement propres à l'Australie.

FIN.

TABLE DES MATIÈRES.

FIN DE LA TABLE.

Typographie Lahure, rue de Fleurus, 9, à Paris.

NOUVELLES PUBLICATIONS

RÉDIGÉES CONFORMÉMENT AUX PROGRAMMES OFFICIELS

POUR L'ENSEIGNEMENT SECONDAIRE SPÉCIAL

(Tous les volumes ci-après sont imprimés dans le format in-12 et [illegible])

LANGUE FRANÇAISE.

Grammaire de l'enseignement secondaire spécial, par M. Sommer. 1 vol. 1 fr. 50 c.

Lectures ou dictées, par M. Lellon-Damiens (année préparatoire et 1re année). 2 volumes :

Tome I, contrées agricoles. 1 fr. 50 c.

Tome II, contrées commerciales. 1 fr. 50 c.

Premiers principes de style et de composition, par M. Pellissier (2e année). 1 vol. 1 fr. 50 c.

Morceaux choisis des classiques français (prose et vers), adaptés au précédent ouvrage. 1 fr.

Principes de rhétorique française, par M. Pellissier (3e année). 1 vol. 2 fr. 50 c.

Morceaux choisis des classiques français (prose et vers), adaptés au précédent ouvrage. 1 vol. 2 fr.

Textes classiques de la littérature française, extraits des grands écrivains français, avec notices biographiques et notes littéraires, par M. Demogeot (3e année). 2 vol. 4 fr. 50.

GÉOGRAPHIE ET HISTOIRE.

Géographie de la France, par M. Richard Cortambert (année préparatoire). 1 vol. 90 c.

Atlas correspondant (12 cartes). 2 fr. 50 c.

Géographie des cinq parties du monde, par M. E. Cortambert (1re année). 1 vol. 1 fr. 50 c.

Atlas correspondant. (87 cartes). 6 fr.

Géographie agricole, industrielle, commerciale et administrative de la France et de ses colonies, par le même auteur (2e année). 1 vol. 2 fr.

Atlas correspondant (22 cartes). 4 fr.

Géographie commerciale des cinq parties du monde, par M. Richard Cortambert (3e année). 1 v. 2 fr.

Atlas correspondant. Grand in-8o.

Simples récits d'histoire de France, par MM. Ducoudray et Feillet (année préparatoire). 2 fr.

Simples récits d'histoire ancienne, grecque, romaine et du moyen âge, par les mêmes (1re année). 1 vol. 2 fr. 50 c.

Histoire de la France depuis l'origine jusqu'à la Révolution française, et grands faits de l'histoire moderne de 1453 à 1789, par M. Ducoudray (2e année). 1 vol. 2 fr. 50 c.

Histoire de France et histoire générale depuis 1789 jusqu'à nos jours, par le même auteur (3e année). 1 vol. 2 fr. 50 c.

LÉGISLATION, MORALE, INDUSTRIE, ÉCONOMIE POLITIQUE.

Éléments de législation usuelle, par M. Delacourtie avoué, docteur en droit (3e année). 1 vol. 2 fr.

Éléments de législation commerciale et industrielle, par le même auteur (4e année). 1 vol. 3 fr.

Éléments de morale, par M. A. Franck, membre de l'Institut (3e et 4e années). 1 vol. 2 fr.

Les grandes inventions scientifiques et industrielles, par M. L. Figuier (4e année). 1 vol. 1 fr. 50.

Cours d'économie rurale, industrielle et commerciale, par M. Levasseur (4e année). 1 vol. 3 fr.

ARITHMÉTIQUE ET COMPTABILITÉ.

Éléments d'arithmétique, par M. Pichot (année préparatoire et 1re année). 1 vol. 2 fr. 50 c.

Arithmétique élémentaire, par M. Bovier-Lapierre (année préparat. et 1re année). 1 vol. 2 fr. 50 c.

Traité d'arithmétique commerciale, par M. Bovier-Lapierre (2e année). 1 vol. 1 fr. 50 c.

Cours d'arithmétique commerciale, par M. E. Jeanne (2e année). 1 vol. 3 fr.

Cours de comptabilité, par M. Courcelle-Seneuil (1re, 2e, 3e et 4e années). 4 vol. Chaque volume, 1 fr. 50 c.

GÉOMÉTRIE, TRIGONOMÉTRIE, ALGÈBRE, GÉOMÉTRIE DESCRIPTIVE.

Géométrie, par M. Saint-Loup :

Année préparatoire (géométrie plane). [illegible]

Première année (géométrie plane). 2 fr.

Deuxième année (géom. dans l'espace). [illegible]

Principes d'algèbre, par MM. H. Sonnet [illegible] (3e et 4e années). 1 vol. 2 fr. 50 c.

Cours élémentaire de géométrie [illegible] M. Kims (3e et 4e années). 2 vol. 3 fr.

Traité élémentaire de trigonométrie rectiligne, par M. Bovier-Lapierre (3e année). 1 v. [illegible]

Notions élémentaires de trigonométrie rectiligne, par M. Basodis (3e année). 1 vol. 1 fr. 50 c.

Notions élémentaires sur les courbes usuelles, par le même (4e année). 1 vol. 1 fr. 50.

HISTOIRE NATURELLE, PHYSIQUE, CHIMIE, MÉCANIQUE, COSMOGRAPHIE.

Notions élémentaires d'histoire naturelle. Zoologie, Botanique, Géologie, par MM. Gervais, [illegible] et Raulin :

Année préparatoire. 1 vol. 3 fr.

1re année. 1 vol. 3 fr.

2e, 3e et 4e années. 3 vol.

Éléments de zoologie, par M. [illegible] :

Année préparatoire : *Notions* [illegible]

1 vol. 1 fr. 25.

1re année : *Mammifères*. 1 vol. [illegible]

2e année : *Vertébrés ovipares et* [illegible] *vertébrés*. 1 vol. 2 fr. 50.

3e année : *Anatomie et physiologie des Animaux*. 1 vol. 2 fr. 50.

4e année : *Zoologie appliquée à l'agriculture, à l'industrie et à l'hygiène*. 1 vol.

Éléments de botanique, par M. Marchand :

Année préparatoire. 1 vol. 1 fr. 25 c.

Première année. 1 vol. 1 fr. 50.

Deuxième année. 1 vol. 1 fr. 50.

Troisième et quatrième années [illegible] et usages des plantes). 1 vol. [illegible]

Éléments de géologie, par M. Raulin :

Année préparatoire. 1 vol. 2 fr. [illegible]

Première année (*Géologie de la France*). 1 fr. 25.

Deuxième année. 1 vol. 1 fr. 50.

Troisième année. 1 vol.

Quatrième année (*Physique terrestre*), par MM. Marié-Davy et Sonrel. 1 vol. [illegible] 50.

Cours élémentaire de physique, par M. [illegible]

Première année. 1 vol. 3 fr.

Deuxième année. 1 vol. 3 fr.

Troisième année. 1 vol. 3 fr.

Quatrième année. 1 vol. 3 fr.

Éléments de chimie, par MM. Dehérain [illegible]

Première année. 1 vol. 1 fr. 50.

Deuxième année. 1 vol. 2 fr. 50.

Troisième année. 1 vol. 3 fr.

Quatrième année. 1 vol. 2 fr. 50.

Cours de mécanique, par M. Ed. [illegible], répétiteur à l'École polytechnique. [illegible]

Troisième année, 1re partie [illegible]. 1 vol. 1 fr. 50.

Troisième année, 2e partie [illegible]

Quatrième année (*Dynamique*). [illegible]

Éléments de cosmographie, par M. [illegible] min (3e année). 1 vol. 3 fr. 50.

Typographie Lahure, rue de Fleurus, 9, à Paris.

www.ingramcontent.com/pod-product-compliance
Ingram Content Group UK Ltd.
Pitfield, Milton Keynes, MK11 3LW, UK
UKHW031910260826
14628UKWH00003B/1094

9 782014 023152